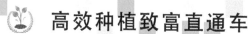

高效种植致富直通车

图说 番茄病虫害 诊断与防治

李金堂　编著

机械工业出版社

本书通过249幅番茄病害（虫害）田间原色生态图片及病原菌显微图片，介绍了番茄病害73种、虫害3种。书中每种病害（虫害）一般有多张图片，从不同发病部位、不同发病时期的症状特点及害虫的不同虫态多个角度描述病害（虫害），可以帮助读者根据图片准确诊断病害（虫害），并介绍了最新的防治方法。

　　本书可供广大菜农、植保工作者、农资经销商及农业院校相关专业师生阅读参考。

图书在版编目（CIP）数据

图说番茄病虫害诊断与防治/李金堂编著. —北京：机械工业出版社，2014.4（2023.11重印）
（高效种植致富直通车）
ISBN 978-7-111-46164-7

Ⅰ.①图…　Ⅱ.①李…　Ⅲ.①番茄-病虫害防治-图解
Ⅳ.①S436.412-64

中国版本图书馆CIP数据核字（2014）第053283号

机械工业出版社（北京市百万庄大街22号　邮政编码100037）
总　策　划：李俊玲　张敬柱　　策划编辑：高　伟　郎　峰
责任编辑：高　伟　郎　峰　周晓伟　版式设计：赵颖喆
责任校对：薛　娜　　　　　　　责任印制：单爱军
北京虎彩文化传播有限公司印刷
2023年11月第1版第8次印刷
140mm×203mm·3.625印张·92千字
标准书号：ISBN 978-7-111-46164-7
定价：25.00元

凡购本书，如有缺页、倒页、脱页，由本社发行部调换
电话服务　　　　　　　　　　网络服务
服务咨询热线：010-88361066　机工官网：www.cmpbook.com
读者购书热线：010-68326294　机工官博：weibo.com/cmp1952
　　　　　　　010-88379203　金书网：www.golden-book.com
封面无防伪标均为盗版　　　　教育服务网：www.cmpedu.com

高效种植致富直通车
编审委员会

序

园艺产业包括蔬菜、果树、花卉和茶等，经多年发展，园艺产业已经成为我国很多地区的农业支柱产业，形成了具有地方特色的果蔬优势产区，园艺种植的发展为农民增收致富和"三农"问题的解决做出了重要贡献。园艺产业基本属于高投入、高产出、技术含量相对较高的产业，农民在实际生产中经常在新品种引进和选择、设施建设、栽培和管理、病虫害防治及产品市场发展趋势预测等诸多方面存在困惑。要实现园艺生产的高产高效，并尽可能地减少农药、化肥施用量以保障产品食用安全和生产环境的健康离不开科技的支撑。

根据目前农村果蔬产业的生产现状和实际需求，机械工业出版社坚持高起点、高质量、高标准的原则，组织全国20多家农业科研院所中理论和实践经验丰富的教师、科研人员及一线技术人员编写了"高效种植致富直通车"丛书。该丛书以蔬菜、果树的高效种植为基本点，全面介绍了主要果蔬的高效栽培技术、棚室果蔬高效栽培技术和病虫害诊断与防治技术、果树整形修剪技术、农村经济作物栽培技术等，基本涵盖了主要的果蔬作物类型，内容全面，突出实用性，可操作性、指导性强。

整套图书力避大段晦涩文字的说教，编写形式新颖，采取图、表、文结合的方式，穿插重点、难点、窍门或提示等小栏目。此外，为提高技术的可借鉴性，书中配有果蔬优势产区种植能手的实例介绍，以便于种植者之间的交流和学习。

丛书针对性强，适合农村种植业者、农业技术人员和院校相关专业师生阅读参考。希望本套丛书能为农村果蔬产业科技进步和产业发展做出贡献，同时也恳请读者对书中的不当和错误之处提出宝贵意见，以便补正。

中国农业大学农学与生物技术学院

2014 年 5 月

前　言

　　蔬菜产业在我国农产品结构中占据着重要地位。它不仅直接关系着城乡居民的生活质量，还对我国经济发展有重要作用。20 世纪 90 年代以来我国蔬菜产业取得了长足进步，以"菜篮子工程"为代表的农业政策极大地促进了蔬菜生产。

　　随着蔬菜产业规模的不断扩大，病虫害防治在蔬菜生产中的重要性日益突显。多年的生产实践表明，病虫害防治工作做好了，既能提高蔬菜的产量和品质，促进蔬菜产业的健康发展，又能获得更好的经济效益和社会效益。为帮助广大种植者及相关人员准确诊断番茄病害并更好地防治病害，编者撰写了《图说番茄病虫害诊断与防治》一书。

　　本书得到了国家星火计划（2012GA740039）的支持，以"蔬菜之乡"寿光市为主要调查地点，结合其他番茄产区进行病虫害调查，一般每周调查 2 次，将番茄病虫害病样带回研究室进行分离培养鉴定。为了更准确地诊断病害，编者对番茄病害不同时期、不同发病部位的症状，番茄害虫不同虫态、不同龄期的形态特征及为害症状等进行了全方位的拍摄，以获得对病虫害的立体识别。同时在每种病虫害的最后，对番茄生产、管理及防治过程中需特别注意的事项进行了总结提炼，可起到较好的提醒作用。

　　本书内容包括番茄病害 73 种，虫害 3 种，有番茄病害（虫害）田间原色生态图片及病原菌显微图片 249 幅。对番茄病虫害的准确诊断与指导科学防治有较高的指导和参考价值，可供广大菜农、植保工作者、农资经销商及农业院校相关专业师生阅读参考。

　　需要特别说明的是，本书所用药物及其使用剂量仅供读者参考，不可照搬。在生产实际中，所用药物学名、常用名和实际商品名称有差异，药物浓度也有所不同，建议读者在使用每一种药物之前，参阅厂家提供的产品说明以确认药物用量、用药方法、用药时间及禁忌等。

本书在资料收集和整理过程中得到了默书霞、付海滨、谢凤霞、张军林、王勇伟、李建才等众多专家、同行、朋友及广大菜农、农药零售商的支持和帮助，在此表示衷心感谢。在图书出版过程中，得到了潍坊科技学院李昌武院长的大力支持，特致以诚挚的谢意。

由于时间紧、编者水平所限，书中错误和疏漏之处在所难免，恳请有关专家、同仁、广大菜农及读者朋友批评指正！

李金堂

目 录

序

前言

一、侵染性病害

二、生理性病害

三、虫害

附录　常见计量单位名称与符号对照表

参考文献

一、侵染性病害

1. 斑枯病 >>>>

斑枯病除为害番茄外，也能侵染辣椒、茄子等茄科作物。此病在日光温室等设施蔬菜上呈加重发展趋势，应引起植保工作者及菜农的警惕、重视。

〔症状〕该病主要为害叶片、茎秆和果实。叶片发病，初现圆形或近圆形灰白色病斑，病斑边缘颜色稍深（图1-1），后随病情发展，颜色加深（图1-2）。茎秆发病，病斑近圆形或长椭圆形，病斑中央为灰白色，边缘为褐色（图1-3）；果实发病，病斑呈"鱼眼状"，病斑颜色同茎秆类似（图1-4）。各发病部位在发病后期出现许多黑色小粒点（分生孢子器）。

图1-1 斑枯病叶片初现近圆形小病斑

图1-2 斑枯病叶片发病中期症状

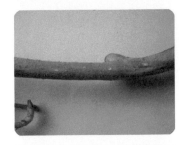

图1-3 斑枯病茎秆症状

图1-4 斑枯病果实发病初期症状

〔病原〕病原菌为 *Septoria lycopersici* Speg.，称番茄壳针孢菌，

属半知菌门真菌。

〔发病规律〕病菌多以菌丝体和分生孢子器在病残体、多年生茄科杂草上越冬。也可在茄科蔬菜作物种子上越冬。来年环境条件适宜时产生分生孢子，借风雨传播或被雨水反溅到寄主上，多从气孔侵入。病菌发育适温为 22~26℃，湿度高时利于分生孢子从器内溢出，从而利于发病，尤其是雨后晴天及生长衰弱、营养不足的番茄易发病。

〔防治方法〕

1）选用抗病品种。

2）与非茄科作物实行 3 年以上的轮作。使用充分腐熟的有机肥和生物菌肥，向土壤中增加有益微生物，促进土壤改良。

3）及时清除病残体，适时放风降湿，降低棚内湿度。

4）发病初期及时喷洒 80% 的代森锰锌可湿性粉剂 800 倍液，或 45% 的噻菌灵悬浮剂 1 000 倍液，或 10% 的苯醚甲环唑水分散粒剂 1 500 倍液等。

⚠️ **注意** 番茄斑枯病与斑点病、细菌性斑疹病的发病症状较为相似，非专业植保人员较难区别，如出现误诊、用药不当，会延误治疗时机。

2. 棒孢褐斑病 >>>>

棒孢褐斑病是近年来在番茄产区发生的一种新病害，常因诊断不准确而盲目用药，既增加了用药成本，又不能取得良好的防治效果。应在准确鉴定的基础上科学用药，减少损失。

〔症状〕主要为害叶片。病斑为灰白色或浅褐色，多为近圆形或长椭圆形（图 2-1），常从叶尖或叶缘发病（图 2-2），病斑小时数量较多，具有浅黄色晕圈（图 2-3）；后期病斑易相互融合为大型病斑（图 2-4），病斑背面颜色稍深，凹陷，湿度大时出现褐色霉状物（分生孢子梗及分生孢子）。

图2-1　棒孢褐斑病近圆形或长椭圆形病斑

图2-2　棒孢褐斑病常从叶尖发病

图2-3　棒孢褐斑病小型病斑

图2-4　棒孢褐斑病病斑融合

〔病原〕 病原菌为 *Corynespora cassiicola*（Berk. & Curt.）Wei.，称山扁豆生棒孢菌，属半知菌门。分生孢子梗多单生，细长，不分枝，1～7个隔膜，浅褐色，大小为（97.2～464.6）μm×（5.2～13.4）μm。分生孢子顶生，具有厚壁，倒棍棒形或圆柱形，7～22个隔膜，大小为（37.3～195.8）μm×（10.5～23.1）μm。病菌发育适温为25～30℃，在PDA培养基上生长较慢，初期为白色，后期颜色加深为灰色。

〔发病规律〕 病菌主要以分生孢子或菌丝体在土壤中的病残体上越冬，极少数情况下也可产生厚垣孢子及菌核越冬。来年春天产生分生孢子通过气流或雨水飞溅传播，进行初侵染和再侵染。病菌侵入后一般6～7天发病，温度为24～28℃及湿度大时发病重。

〔防治方法〕

1）选用抗病品种。

2）加强栽培管理。控制氮肥用量，增施磷钾肥，喷施叶面肥，并注意控制棚内湿度，也可采用高温闷棚降低病原菌数量。清除病残体，减少菌源量。

3）药剂防治。发病前可用 10% 的百菌清烟剂预防，每亩（1 亩 = 666.7m²）用药剂 250～300g。发病初期可用 50% 的福美双可湿性粉剂 500 倍液与下列药剂合用防治病害：40% 的氟硅唑乳油 3 000 倍液，或 40% 的腈菌唑可湿性粉剂 4 000 倍液，或 25% 的咪鲜胺乳油 1 000 倍液，或 50% 的多菌灵磺酸盐可湿性粉剂 600 倍液，每 7 天喷 1 次，连续防治 3～4 次。

📢 **提示** 空气干燥时棒孢褐斑病的发病症状与肥害有一些相似，区别处在于棒孢褐斑病多有较明显的发病中心而肥害一般没有。

3. 病毒病 >>>>

病毒病是当前番茄生产上的主要病害，在我国大多数番茄种植产区均有分布。一般每年造成减产 20%～30%，严重年份可达 50% 以上。夏、秋季番茄损失更为严重，有的年份或地区甚至绝收，严重影响番茄生产。

〔症状〕番茄病毒病田间表现症状常复杂多变。有时在同一植株上也会出现不同的症状。常见的主要类型有花叶型、厥叶型和坏死型 3 种。①花叶型：较常见的发病类型，从苗期到成株期均可发生。一般先出现黄色或浅绿色褪绿斑点（图 3-1），发展成黄绿或深绿、浅绿相间的斑驳（图 3-2）；发病重时花叶与畸形症状常同时出现（图 3-3），植株矮化，果实小。②厥叶型：叶片生长缓慢、退化、变小（图 3-4），严重时叶片呈长条状（图 3-5），植株矮化，结果少，严重影响产量。③坏死型：发病较少，多引起叶片上出现褐色或黑色坏死斑，并扭曲变形（图3-6）。

图3-1 病毒病发病轻时
出现褪绿斑

图3-2 病毒病叶片出现
黄绿斑驳

图3-3 病毒病叶片凹凸不平

图3-4 病毒病厥叶型
发病初期症状

图3-5 病毒病厥叶型典型症状

图3-6 病毒病叶片扭曲畸形
出现坏死斑

【病原】 由 20 多种病毒引起，主要有烟草花叶病毒（Tobacco Mosaic Virus，TMV）、黄瓜花叶病毒（Cucumber Mosaic Virus，CMV）、烟草卷叶病毒（Tobacco Leaf Curl Virus，TLCV）、苜蓿花叶病毒（Alfalfa Mosaic Virus，AMV）、番茄斑萎病毒（Tomato Spotted Wilt Virus，TSWV）等。

【发病规律】 TMV 寄主广泛，可在多种植物和杂草上越冬，也可附着在种子上或病残体上越冬，通过整枝打杈等农事操作进行传播，一般不能通过蚜虫传播。CMV 也可在多种植物和杂草上越冬，主要通过蚜虫传播。对病害的发生条件来说，高温、干旱时发病重，因为这种环境有利于传毒介体蚜虫的繁殖及迁飞。

【防治方法】

1）选用抗病品种。抗病品种是防治病毒病最有效、最根本的防治措施，不同地区可根据当地实际情况，选用适宜的抗、耐病品种。

2）种子消毒。播种前用清水浸种 3～4h，再放入 10% 的磷酸三钠溶液浸种 30min，用清水冲洗干净后播种，或用 0.1% 的高锰酸钾溶液浸泡 30min。

3）防止人为传染。在农事操作中要坚持先健株后病株的原则进行，同时用 10% 的磷酸三钠溶液洗手并对农具进行消毒。

4）防治蚜虫。种植区及周边杂草尽早喷洒 10% 的吡虫啉可湿性粉剂 2 000 倍液，可杀灭传毒介体，减轻病毒病为害。

5）药剂防治。发病初期喷洒 4% 的宁南霉素水剂 500 倍液，或 1.5% 的烷醇·硫酸铜乳剂 1 000 倍液，或 20% 的盐酸吗啉胍可湿性粉剂 500 倍液，或 7.5% 的菌毒·吗啉胍水剂 200 倍液，连喷 3～4 次。

📢 提示　番茄病毒病为系统性病害，选用抗病品种和种子消毒是防治本病害的根本措施，同时应坚持"预防为主"的原则，发病前定期喷洒几丁聚糖等能提高植株抗病性的药物，提高植株免疫力。

4. 根霉果腐病 >>>>

根霉果腐病是番茄上的一种普通病害。大多番茄种植区均有发生，通常零星发生，对生产无明显影响。发病重时导致果实腐烂，造成一定的经济损失。

〔症状〕 主要为害快成熟或有伤口的果实。病部先出现稀疏的白色菌丝，之后菌丝越来越多，并出现许多黑色的长发状物，顶端有黑色的点状物（孢囊梗及孢子囊）（图4-1、图4-2），病果后期软化腐烂，失去食用价值。

图4-1　根霉果腐病发病初期症状

图4-2　根霉果腐病发病后期症状

〔病原〕 病原菌为 *Rhizopus stolonifer*（Ehrenb.）Lind.，称匍枝根霉，属接合菌门真菌。孢子囊丛生在匍匐菌丝上，直立，无分枝。顶端着生球形孢子囊，褐色至黑色，大小为 $87 \sim 354\mu m$（图4-3）。

图4-3　病原菌的孢囊梗及孢子囊

〔发病规律〕 病原菌以孢囊孢子附着在大棚墙壁、支架等处越冬。匍枝根霉为弱寄生菌，一般只能从伤口或生活力弱的部位侵入。发病后形成孢子囊产生大量孢囊孢子，借助气流传播蔓延，引起再侵染。

〔防治方法〕

1）农业防治。及时采收成熟果实；农事操作中尽量避免产生伤口。

2）生态防治。及时调节棚室内湿度，抑制病害发生。

3）药剂防治。发病后喷洒77%的氢氧化铜可湿性粉剂600倍液或70%的甲基硫菌灵可湿性粉剂800倍液，7～10天喷1次，连喷2～3次。

⚠️ **注意** 连阴雨或棚室内浇水过多，病害易发生，应在连阴雨天后及时用药。

5. 黑斑病 >>>>

〔症状〕 主要为害果实，也能侵染叶片。果实发病，病斑圆形或近圆形，稍凹陷（图5-1），湿度大时病斑处出现黑色霉层（分生孢子梗及分生孢子）（图5-2），发病后期，霉层颜色变为深黑色。叶片发病，病斑近圆形或长椭圆形，浅褐色至褐色（图5-3）。

〔病原〕 病原菌为 *Alternaria tomato*（Cke.）Weber.，称番茄钉头斑交链孢，属半知菌门真菌。分生孢子梗束生，浅褐色，不分枝，有隔膜。分生孢子多单生，少数串生，倒棒状，褐色，具有横隔膜及纵隔膜，大小为（34～67）μm×（13～24）μm（图5-4）。

〔发病规律〕 病菌以菌丝体或分生孢子随病残体在土壤中越冬。第二年以分生孢子借气流进行传播，完成初侵染。初侵染完成后产生分生孢子进行再侵染。该菌寄生性较弱，一般有伤口或生长势弱、抵抗力低时才能侵染。病菌喜湿度高和温暖的环境条件，在温度23～25℃、相对湿度大于90%的条件下容易发病。

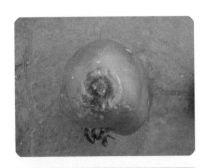

图 5-1　黑斑病近圆形病斑

图 5-2　黑斑病病斑处
黑色霉状物

图 5-3　黑斑病叶片发病症状

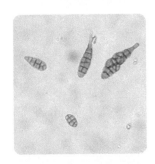

图 5-4　黑斑病病原菌形态

〔防治方法〕

1）提倡高垄覆地膜栽培，雨后及时排除积水，棚内放风降湿；种植密度适宜，保证株间通风透光。

2）施足有机肥，适时追肥，保证植株营养供给，提高植株免疫力。

3）种子消毒。可采用温汤浸种或用50%的多菌灵可湿性粉剂500倍液浸种30min。

4）高温闷棚。在发病初期，选晴天上午9~10时关闭大棚，使棚内温度升高至42~44℃，维持2h后放风降温。

5）药剂防治。发病初期及时喷药。可用药剂有50%的苯菌灵可湿性粉剂1 000倍液，或25%的戊唑醇可湿性粉剂1 500倍液，或

60%的多菌灵盐酸盐可溶性粉剂600倍液等，7～10天喷1次，连喷3次。

> 📢 **提示** 对露地栽培在夏季多雨季节进行遮阴避雨有利于减轻发病。

6. 红粉病 >>>>

红粉病是番茄生产上的一般病害，在露地和棚室内均有发生，夏、秋季发病较多。近年来发病程度有所上升，已成为设施番茄栽培中需要重视的病害之一。

〔症状〕 该病主要为害果实。果面先出现褐色水浸状、近圆形病斑，后期病斑颜色加深为黑褐色（图6-1），湿度大时病斑表面出现粉红色霉状物（分生孢子梗及分生孢子）（图6-2），发病后期，果实软化腐烂，无法食用。

图6-1 红粉病发病初期症状

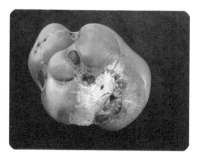
图6-2 红粉病湿度大时出现的粉红色霉状物

〔病原〕 病原菌为 *Trichothecium roseum*（Pers.）Link，称粉红单端孢，属半知菌门真菌。菌落初为白色，后渐变为粉红色。分生孢子梗直立不分枝，无色；分生孢子顶生，单独形成，常聚集成头状，呈浅红色，分生孢子倒梨形，无色或半透明，成熟时具有1个隔膜，隔膜处略缢缩，大小为（15～28）μm×（8～16）μm。

〔发病规律〕病原菌一般以菌丝体形态随病残体在土壤中越冬，第二年春天环境条件适宜时产生分生孢子，通过风雨传播到寄主上，多从伤口侵入。发病后，病部又产生大量分生孢子进行再侵染。病菌发育适温为25～30℃，相对湿度高于90%发病较重。湿度大、光照不足、通风不良、植株徒长和植株衰弱等原因易造成该病发生流行。

〔防治方法〕

1）适度密植，及时整枝和绑蔓，适时放风降湿，降低棚内湿度，雨后及时排水；选用无滴膜，防止棚顶滴水。

2）增施有机肥及磷钾肥，提高植株抗病性。

3）发病前可用15%的百菌清烟剂预防，每亩用药剂250～300g。发病后可喷洒20%的噻菌铜悬浮剂500倍液，或50%的咪鲜胺锰盐可湿性粉剂1 500倍液，或10%的苯醚甲环唑水分散粒剂1 500倍液等药剂，7～10天喷1次，连喷2～3次。

 提示　苗期最好进行炼苗、蹲苗，培育壮苗。

7. 黄化曲叶病毒病 >>>>

黄化曲叶病毒病是番茄上的一种新型病毒病。自2009年以来，此病在我国各番茄种植区相继发生，且有危害日益加重的趋势。该病毒具有暴发突然、扩展迅速、危害性强、难以治疗的特点，是一种毁灭性的番茄病害，发病后对果实产量及商品价值均有较大影响，是目前番茄栽培中应首要应对的病害。

〔症状〕主要为害叶片。植株发病后新叶变黄（图7-1、图7-2），叶片变小、叶缘黄化（图7-3），严重时叶片扭曲畸形、叶缘坏死，抗病品种的发病程度较轻，一般表现为黄绿相间的轻微花叶症状（图7-4）。

图7-1 黄化曲叶病毒病发病
初期新叶黄化症状

图7-2 黄化曲叶病
毒病田间症状

图7-3 黄化曲叶病毒病叶缘
黄化、叶片变小

图7-4 抗病品种感染黄化曲叶病
毒病的典型症状

〔病原〕 病原为番茄黄化曲叶病毒（Tomato Yellow Leaf Curl Virus，TYLCV）。

〔发病规律〕 从目前研究来看，该病由烟粉虱携毒传播。因此，高温干旱条件下烟粉虱繁殖、活动能力强，病害发病重。同时，氮肥施用过多、营养不良、环境郁闭的情况下，植株抗病性低、发病重。

〔防治方法〕

1）种植抗病品种。如从瑞士引进的齐达利等品种。

2）培育无病无虫苗。育苗播种前对种子进行消毒处理，用10%的磷酸三钠溶液浸种20min，清水冲洗30min后播种。播种后定期喷洒杀虫剂，防止烟粉虱传毒。

3）防治传毒介体烟粉虱。在温室大棚的放风口安装 50 目以上的防虫网。温室内定期喷洒 25% 的噻嗪酮可湿性粉剂 1 000 倍液，或 10% 的烯啶虫胺可溶性液剂 1 500 倍液，或 20% 的啶虫脒乳油2 000 倍液，可防治烟粉虱，切断传播途径。

4）药剂防治。发病初期喷洒 1.5% 的烷醇·硫酸铜乳剂 1 000 倍液或混合脂肪酸水乳剂 100 倍液等药剂，连喷 3 ~ 4 次。

> 📢 **提示** 该病预防重在栽培抗病品种。因主要为害番茄顶部新叶，中后期得病后若较严重，可进行"掐头"处理，力争最大产量。

8. 灰斑病 >>>>

〔症状〕主要为害叶片。叶片初现灰色或褐色近圆形小病斑（图 8-1），常从叶尖或叶缘发病（图 8-2），病斑大小为 4 ~ 10mm（图 8-3），有时从叶缘发病后形成不典型的长条形病斑（图 8-4），有时会引起叶片上卷变形。

图 8-1　灰斑病发病初期症状

图 8-2　叶尖或叶缘灰斑病

〔病原〕病原菌为 *Ascochyta lycopersici* Brybayd，称番茄壳二孢，属半知菌门真菌。

图8-3 灰斑病圆形、近圆形病斑

图8-4 灰斑病长条形病斑

〔发病规律〕 以分生孢子或分生孢子器随病残体在土壤内越冬。第二年遇雨及灌溉水释放分生孢子，进行初侵染，发病后产生分生孢子传播形成再侵染，引起病害的发生和流行。

〔防治方法〕

1）及时清除病残体；增施磷钾肥，提高抗病性；及时通风降低湿度。

2）发病初期及时喷洒25%的醚菌酯悬浮剂1 000～1 500倍液，或50%的多·硫可湿性粉剂800倍液，或77%的氢氧化铜可湿性粉剂500倍液，或10%的苯醚甲环唑水分散粒剂1 500倍液，一般7～10天喷1次。

提示　培育壮苗的同时最好进行土壤消毒，尤其是连作地块。

9. 灰霉病 ＞＞＞＞

灰霉病是我国蔬菜种植区一种常见和主要病害。近年来，随着塑料大棚、温室等保护设施栽培的推广普及，番茄、辣椒、黄瓜、菜豆等蔬菜常发生灰霉病的流行，严重时减产达20%～30%及以上。

〔症状〕 番茄灰霉病可为害叶片、叶柄、茎秆、花萼、果实等各个部位。叶片常从叶缘开始发病（图9-1），形成明显的"V"字形病斑（图9-2、图9-3）。病花等部位掉到叶片上也会侵染引起发病（图9-4），形成圆形或椭圆形病斑，有明显的轮纹（图9-5）。空气干燥时，病斑容易破裂（图9-6）。叶柄受害，病部变褐色出现灰色霉层（图9-7）。茎秆发病，受害处变为灰白色，边缘颜色略深（图9-8）。茎秆或枝条受害重时容易折断（图9-9），造成病部以上部分萎蔫枯死（图9-10）。果实发病，多从果蒂处开始，病部变软变白（图9-11），湿度大时出现灰色霉层（分生孢子梗及分生孢子）（图9-12）。病花或病叶掉到果实上也会引起发病，用药治疗后会留下不同颜色的病疤（图9-13）。

图9-1　灰霉病叶片发病初期症状

图9-2　灰霉病"V"字形病斑

图9-3　灰霉病叶背症状

图9-4　灰霉病病花掉到叶片上

〔病原〕病原菌为 *Botrytis cinerea* Pers.，称灰葡萄孢，属半知菌门真菌。分生孢子梗较长，灰色或褐色，有分隔和分枝，分枝顶端略膨大。分生孢子近球形或卵圆形，大小为（8.7～15.3）μm ×

（6.5～11.2）μm（图9-14）。

**图9-5 灰霉病圆形病斑
具有明显轮纹**

图9-6 灰霉病病斑破裂

图9-7 灰霉病侵染叶柄

图9-8 灰霉病侵染茎秆

图9-9 灰霉病侵染导致枝条折断

**图9-10 灰霉病侵染茎秆后
引起植株枯萎**

图9-11 灰霉病果实发病初期

图9-12 灰霉病侵染果实及花萼
出现灰色霉层

图9-13 灰霉病治疗后
留下的病疤

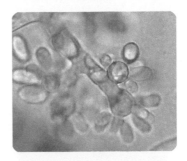

图9-14 灰葡萄孢分生
孢子梗及分生孢子

〔发病规律〕 病菌主要以菌丝体或菌核随病残体在土壤中越冬。南方设施蔬菜中的病菌可常年存活，不存在越冬问题。分生孢子主要通过风雨传播，条件适宜时即萌发，多从伤口或衰老组织侵入。初侵染发病后又长出大量新的分生孢子，通过传播进行再侵染。温室大棚内的高湿环境有利于病害发生和流行。

〔防治方法〕

1）加强温室内温湿度的调控。保障植株间通风、透光、降低湿度，同时温度不要太低。

2）加强水肥管理。一次浇水不要太多，及时补充植株营养，使植株生长旺盛，防止早衰。

3）及时清除病残体，减少菌源量。病叶、病果需及时运出棚外并销毁。

4）药剂防治。发病初期喷洒50%的腐霉利可湿性粉剂1 000倍液，或40%的菌核净可湿性粉剂800倍液，或50%的异菌脲可湿性粉剂1 000倍液，或25%的啶菌噁唑乳油1000倍液。隔7~10天喷药1次，连续喷3~4次。温室中也可用20%的噻菌灵烟剂0.3~0.5kg/亩熏烟。

⚠️ **注意** 番茄灰霉病病菌易产生抗药性，同一种杀菌剂在一个生长期内最多使用2~3次，要注意不同类型杀菌机理的杀菌剂交替使用。

10. 灰叶斑病 >>>>

灰叶斑病在国内传统的栽培品种中并不是主要病害，但近年来推广的一些进口番茄品种表现出了对灰叶斑病的高度感病性，一些硬果型番茄的灰叶斑病已经成为重要病害。如2009~2010年该病在寿光市大面积暴发，由于该病以前甚少发生，农民普遍缺乏防治经验，因而防治不力，给生产带来毁灭性打击。

〔症状〕 主要为害叶片，严重时也可侵染叶柄、花、花萼及茎秆等。叶片发病，初现灰白色至浅褐色近圆形小斑点，后病斑扩大，病斑中央呈浅褐色，外缘变为深褐色，仔细观察，可发现病斑表面有不规则轮纹（图10-1~图10-3）。病斑边缘常具有浅黄色至黄色晕圈，病斑附近叶片黄化（图10-4），叶缘稍上卷（图10-5），严重时叶片干枯死亡。湿度低时病斑常破裂穿孔（图10-6），后期病斑表面出现浅黑色霉层（图10-7）（分生孢子梗及分生孢子）。为害茎秆及花萼出现椭圆形至长条形病斑（图10-8），同叶片相似，病斑中央颜色浅、边缘颜色深。为害花时症状同花萼类似，但病斑颜色较浅。

图 10-1 灰叶斑病发病初期
灰白色病斑

图 10-2 灰叶斑病典型病斑
（中央颜色浅，边缘颜色深）

图 10-3 灰叶斑病病斑有
不规则条纹

图 10-4 灰叶斑病叶片
黄化典型症状

图 10-5 灰叶斑病引起叶缘稍上卷

图 10-6 灰叶斑病病斑破裂

图 10-7 灰叶斑病病斑后期表面产生浅黑色霉层

图 10-8 灰叶斑病茎秆椭圆形病斑

〔病原〕 病原菌为 *Stemphylium solani* Weber，称茄匐柄霉，属半知菌门真菌。分生孢子梗为浅褐色，有隔膜，单生或束生。分生孢子为浅褐色至浅黑色，砖格形，无喙，一般着生于分生孢子梗的顶端，纵横隔较多近乎网状。有性阶段为番茄格孢腔菌（*Pleospora lycopersici* El. & Em. Marchal），较为少见。

〔发病规律〕 病原菌以菌丝体在土壤中的病残体上越冬，或以分生孢子、菌丝体在种子上越冬。第二年产生分生孢子进行侵染，分生孢子通过气流和雨水进行传播，病菌可直接穿透植物的表皮，也可从自然孔口或伤口侵入。温暖潮湿及降雨是导致病害发生的主要环境条件，尤其当土壤肥力较差，植株生长不良时发病严重。

〔防治方法〕

1）农业防治。选用抗病品种。加强栽培管理，及时摘除发病严重病叶并烧毁。多施有机肥、叶面肥，提高植株免疫力。大棚栽培中，定时放风，降低棚内湿度。

2）化学防治。发病前用 75% 的百菌清可湿性粉剂 600 倍液或 70% 的代森锰锌可湿性粉剂 500 倍液喷雾预防。发病后可用下列配方交替使用：①36% 的甲基硫菌灵悬浮剂 500 倍液 +50% 的咪鲜胺可湿性粉剂 1 500 倍液混合喷雾；②18% 的咪鲜·松脂铜乳油 500 倍液喷雾；③2% 的嘧啶核苷类抗生素水剂 150 倍液 +25%

21

的嘧菌酯悬浮剂 1 500 倍液混合喷雾。上述药剂一般 7～10 天喷1 次，严重时可缩短为 3～4 天喷 1 次。喷雾时应做到细致均匀，叶片正面、背面都要喷到。雨后或多日连阴天后，天气晴朗时应立即喷药防治。

提示 环境适宜时灰叶斑病发病蔓延速度快，发病初期用药可稍重一些，控制传播速度。

11. 茎基腐病 >>>>

〔症状〕 主要为害茎基部，幼苗及成株期均可发病。幼苗感病，靠近地面的茎基部发生病变，影响植株营养及水分运输，植株萎蔫枯死（图 11-1）。严重时茎基部变褐变黑，缢缩（图 11-2），茎基部上方常生出不定根。

图 11-1 茎基腐病初期症状　　　　图 11-2 茎基腐病茎基部缢缩

〔病原〕 病原菌为 *Rhizoctonia solani* Kühn.，称立枯丝核菌，属半知菌门真菌。

〔发病规律〕 病菌以菌丝体或菌核在土壤中越冬，腐生性强，可以在土壤中长期存活。第二年病菌随浇水或农事操作传播。大水漫灌、地温过高时易发病。

〔防治方法〕

1）培育无病壮苗。育苗期苗床换新土，种子用 55℃水浸种 20min 后播种。幼苗定植时不要过深，及时排除地表积水，培土不宜过高。

2）与非茄科作物实行 3 年以上轮作。浇水不易一次太多，定期疏松土壤，透气降温。

3）药剂防治。定植后发病，可在茎基部施用药土，每平方米表土施用 20% 的拌·锰锌可湿性粉剂 10g，充分混匀后于病株基部覆土，把病部埋上促其在病斑上方长出不定根。也可喷洒 70% 的甲基硫菌灵可湿性粉剂 800 倍，或 20% 的甲基立枯磷乳油 1 000 倍液，主要喷洒植株茎基部。也可在病部涂 50% 的福美双可湿性粉剂 200 倍液或 77% 的氢氧化铜可湿性粉剂 200 倍液，抑制病情发展。

📢 **提示** 在种子消毒的基础上重点做好土壤消毒工作，灭杀土壤中的病原菌。

12. 菌核病 >>>>

〔症状〕 可为害叶片、小枝、茎秆、果实等多个部位。叶片发病，多从叶缘出现浅绿色或黄色病斑（图 12-1），随病情发展，成为水渍状"V"字形病斑（图 12-2）。小枝受害，常从枝杈处发病，病部变褐色缢缩（图 12-3），湿度大时出现白色菌丝。侵染茎秆，茎秆变为褐色（图 12-4），后期茎秆上出现鼠粪状黑色菌核（图 12-5），湿度过大时，茎秆呈湿腐状。果实受害，病部多为白色，似水烫状，后期也出现黑色菌核（图 12-6）。

〔病原〕 病原菌为 *Sclerotinia sclerotiorum*（Lib.）de Bary，称核盘菌，属子囊菌门真菌。

〔发病规律〕 以菌核在土壤中越冬，是病害的主要初侵染源。第二年，环境合适时菌核萌发，形成子囊盘，放射出子囊孢子，借风雨传播蔓延。湿度是子囊孢子萌发和菌丝生长的主要影响条件，相对湿度高于90%有利于子囊孢子的萌发和菌丝的生长。因此，此病在早春或晚秋保护地内湿度高时易发生。

图 12-1 菌核病叶片发病初期症状

图 12-2 菌核病叶片发病典型症状

图 12-3 菌核病枝杈处发病症状

图 12-4 菌核病茎秆变褐色

图 12-5 菌核病茎秆出现的菌核

图 12-6 菌核病果实发病后期症状

〔防治方法〕

1）深翻土壤。深翻土壤可将菌核埋入地底深处，抑制其萌发。

2）实行轮作，培育无病种苗。

3）加强管理，及时通风降湿，创造不利于病害发生、发展的环境条件。

4）药剂防治。发病后及时喷洒50%的腐霉利可湿性粉剂1 500倍液，或50%的乙烯菌核利可湿性粉剂1 000～1 500倍液，或50%的异菌脲可湿性粉剂1 500倍液。保护地内可采用烟雾法，每亩用10%的腐霉利烟剂250～300g熏8h，5～7天熏1次，连熏2～3次。

> 📢 **提示** 菌核病前期与疫病症状相似，需认真区分，必要时可采取镜检鉴定。有孢子囊及孢子的为疫病，没有孢子的则是菌核病。

13. 枯萎病 >>>>

〔症状〕 又称"萎蔫病"，是一种防治困难的维管束系统病害。发病初期，叶片在中午高温期间萎蔫（图13-1），若中午阳光过强、温度过高，会引起上部叶片萎蔫枯死（图13-2），后期发病严重时整株萎蔫。剥开植株茎秆，可见维管束发生病变，成为褐色（图13-3）。

〔病原〕 病原菌为 *Fusarium oxysporum* （Schl.） F. sp. *lycopersici* （Sacc.） Snyder et Hansen.，称番茄尖镰孢菌番茄专化型，属半知菌亚门真菌。

〔发病规律〕 病菌主要以菌丝体和厚垣孢子在土壤中越冬，也可以菌丝体在种子上越冬。分苗、定植时病菌可从根系伤口、自然裂口侵入，到达维管束，在维管束内繁殖，堵塞导管，阻碍营养和水分运输，引起叶片萎蔫、枯死。高温高湿、土壤板结、施用未腐熟粪肥或连茬年限长，发病重。

图13-1 枯萎病初期中午
温度高时叶片萎蔫

图13-2 枯萎病严重时
上部叶片萎蔫枯死

〔防治方法〕

1）农业措施。进行轮作，有条件的地区提倡水旱轮作，杀灭土壤中的病菌。发现病株，及时拔除，并撒施生石灰消毒。

2）种子消毒。播前用52℃温水浸种30min，或用50%的多菌灵可湿性粉剂500倍液浸种1h，洗净后播种。

3）药剂防治。发病初期喷洒50%的多·硫悬浮剂500倍

图13-3 枯萎病茎秆内病变

液或54.5%的噁霉·福可湿性粉剂800倍液，此外可用77%的氢氧化铜可湿性粉剂500倍液或12.5%的增效多菌灵可溶性液剂200倍液灌根，用量为每株100~150mL，隔7~10天灌1次，连续灌3~4次。

提示 最好高垄栽培，雨后及时排水。种植前进行土壤消毒。

14. 镰刀菌根腐病 >>>>

〔症状〕 主要为害根部。幼苗发病，根系先变为浅褐色（图14-1），后颜色加深（图14-2）。成株期受害，症状与苗期受害相似（图14-3），严重时根内部变为黄褐色。地上部分表现为萎蔫症状（图14-4）。病果常呈失水状。

图 **14-1** 镰刀菌根腐病幼苗
发病初期症状

图 **14-2** 镰刀菌根腐病幼苗
发病中期症状

图 **14-3** 镰刀菌根腐病成株期
根变为深褐色

图 **14-4** 镰刀菌根腐病
植株萎蔫

〔病原〕 病原菌为 *Fusarium solani*（茄镰刀菌），*Fusarium oxysporum*（尖孢镰刀菌），*Fusarium moniliform*（串珠镰刀菌），均属半知菌门真菌。

〔发病规律〕 主要以菌丝体、厚垣孢子随病残体在土壤中越冬，其中，厚垣孢子存活时间长，可达数年，是主要的侵染源。病菌多从根部伤口侵入，后在病部产生分生孢子，借雨水或灌溉水传播蔓延，进行再侵染。高温高湿条件下发病较重。

〔防治方法〕

1）种子消毒。可用种子重量0.5%的2.5%咯菌腈悬浮剂拌种。

2）加强栽培管理。及时放风降湿，地温低需及时松土，以提高地温，适当浇水，不易大水漫灌。

3）合理施肥。基肥一般每亩用45%的三元复合肥50kg加腐熟有机肥1 000kg。盛果期适时追肥，保持植株旺盛生长。

4）药剂防治。幼苗定植时可用70%的噁霉灵可湿性粉剂2 000倍液泡根15min。定植后发现病株可及时用20%的甲基立枯磷乳油1 200倍液或30%的噁霉灵水剂500倍液进行喷淋或灌根，每穴用药液量200mL左右，连用3次。

提示　栽培前最好进行土壤消毒，也可用氰氨化钙等闷棚灭菌。

15. 镰刀菌果腐病 >>>>

〔症状〕主要为害着色后接近成熟的果实。果面出现条状开裂（图15-1）或星状开裂（图15-2），后期病部出现茂密的白色毛状物（分生孢子梗及分生孢子）。

〔病原〕病原菌为 *Fusarium oxysporum* Schlecht.，称尖镰孢，属半知菌门真菌。病菌产生小型分生孢子及大型分生孢子两种类型，菌丝体存在融合现象。

〔发病规律〕病菌以菌丝体及分生孢子在土壤中越冬。果实与土壤接触、果面有伤口或自然裂口易染病。湿度高发病重。

〔防治方法〕

1）避免果实与地面接触。

图 15-1 镰刀菌果腐病条状开裂

图 15-2 镰刀菌果腐病星状开裂

2）避免在果实上造成伤口、自然裂果等。

3）果实着色前喷洒 25% 的络氨铜水剂 500 倍液，或 36% 的甲基硫菌灵悬浮剂 500 倍液，或 50% 的琥胶肥酸铜可湿性粉剂 500 倍液，可有效预防病害发生。

📢 **提示** 阴雨天用烟剂熏棚可预防病原菌侵染伤口并灭杀部分病原菌。

16. 煤污病 >>>>

〔症状〕 煤污病病菌为外寄生菌，主要影响植物的光合作用，可为害叶片、果实、花萼、茎秆等部位。叶片发病，叶面出现褐色至黑色霉状物（图 16-1），后期霉层加厚，严重影响叶片的光合作用（图 16-2）。叶片背面可见白粉虱、蚜虫等害虫活动。为害果实，青果、着色后的果实均可受害，影响果实着色，导致着色不良（图 16-3）。

〔病原〕 病原菌为 *Meliola spp.*，小煤炱属真菌，属子囊菌门真菌。

〔发病规律〕 煤污病主要因蚜虫、白粉虱等分泌的蜜露滋生所致，故害虫为害重，病害发生重；害虫为害轻，病害发生轻。

图 16-1　煤污病叶片发病中期症状

图 16-2　煤污病叶片发病后期症状

〔防治方法〕

1）防治蚜虫、白粉虱。喷洒 10% 的烯啶虫胺可溶性液剂 1 500 倍液或 25% 的噻嗪酮可湿性粉剂 1 000 倍液，根据害虫发生情况，7～10 天喷 1 次。

2）药剂防治。发病初期喷洒 47% 的春雷·王铜可湿性粉剂 600 倍液或 36% 的甲基硫菌灵悬浮剂 600 倍液，7 天喷 1 次，连喷 2～3 次。

图 16-3　煤污病为害着色后的果实

 提示　栽培时要合理密植，保持植株间通风透光。

17. 绵疫病 >>>>

〔症状〕　主要为害果实，也可为害叶片、茎秆。果实发病，初现近圆形褐色至深褐色病斑（图 17-1），随病情发展，病斑扩大、颜色加深，病斑呈明显水渍状（图 17-2），湿度大时病斑处出现白色菌丝（孢囊梗及孢子囊）（图 17-3）。果实蒂部软化（图 17-4），剥开果实，可见内部果肉呈软腐状（图17-5）。叶片受害，多从叶缘发病，出现半圆形褐色病斑（图17-6），下部叶片先发病褪绿（图17-7），严重时植株倒伏。侵染茎秆时出现水渍状褐色病斑（图17-8），茎秆内长满白色菌丝体。

图17-1 绵疫病果实发病初期症状

图17-2 绵疫病水渍状病斑

图17-3 绵疫病湿度大时
出现的白色菌丝

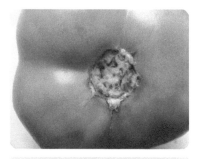

图17-4 绵疫病果实蒂部软化

〖病原〗 病原菌为 *Phytophthora parasitica* Past.（寄生疫霉）、*P. capsici* Leonian（辣椒疫霉）、*P. melongenae* Sawada.（茄疫霉），均属鞭毛菌门真菌。

〖发病规律〗 主要以卵孢子随病残体在土壤越冬。借雨水溅到近地面的果实或叶片上侵染发病，发病后产生孢子囊，孢子囊释放游动孢子，通过雨水、灌溉水传播再侵染。因病菌侵染离不开水，故阴雨天或多雨、湿度高时发病重。

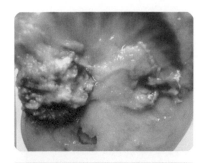

图 17-5 绵疫病果实内部症状

图 17-6 绵疫病叶片发病
初期症状

图 17-7 绵疫病下部叶片
发病症状

图 17-8 绵疫病茎秆发病症状

〔防治方法〕

1）农业防治。避免与茄科作物连作。选择排水良好的地块种植。适度密植，保持株间通风透光。提倡地膜覆盖栽培，减少病菌传染。

2）药剂防治。发病初期可用30%的氧氯化铜悬浮剂500倍液，或60%的氟吗·锰锌可湿性粉剂800倍液，或64%的噁霜·锰锌可湿性粉剂500倍液，或52.5%的噁唑菌酮·霜脲可湿性粉剂600倍液喷雾防治。植株下部叶片、果实应重点喷洒，并适度喷洒地面，杀灭病菌。

提示 定植前进行种子消毒及土壤消毒，雨后及时排水。

18. 丝核菌果腐病 >>>>

〔症状〕 丝核菌果腐病一般零星发生，有时为害较重。主要为害果实，植株下部靠近地面的果实发病，多从果实肩部或蒂部发病（图18-1），出现水浸状浅褐色病斑（图18-2），病斑逐渐扩展，略凹陷。湿度大时病斑表面有褐色蛛状菌丝。

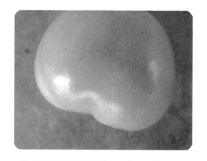

图18-1 丝核菌果腐病果实
肩部发病软腐

图18-2 丝核菌果腐病
浅褐色病斑

〔病原〕 病原菌为 *Rhizoctonia solani* Kühn. ，称立枯丝核菌，属半知菌门真菌。立枯丝核菌一般不产孢。

〔发病规律〕 病菌以菌丝体或菌核在土壤中越冬。环境条件适宜时菌丝直接侵染或菌核萌发引起发病，主要通过雨水及灌溉水传播。高温、高湿发病重。

〔防治方法〕

1）农业防治。提倡高畦栽培，适度密植。保持田间通风透光，降低棚内湿度。植株下部果实及时采收，避免染病。

2）化学防治。发病后可喷洒5%的井冈霉素水剂1 500 倍液，或50%的甲基硫菌灵可湿性粉剂800 倍液，或20%的甲基立枯磷乳油 1 000 倍液。

> 🔊 **提示** 喷施农药重点喷洒中下部，最好也对地面土壤喷洒农药。

19. 酸腐病 >>>>

〔症状〕 主要为害近成熟果实。果实发病后软化变形（图19-1），湿度大时出现白色菌丝（图19-2），后期软化严重（图19-3）。发病后果实常裂口（图19-4），易并发细菌感染，成熟果实发病重。

图19-1 酸腐病果实软化

图19-2 酸腐病软化变形前出现白色菌丝

图19-3 酸腐病发病后期软化严重

图19-4 酸腐病果实裂口

〔病原〕 病原菌为 *Oospora lactis* Fr. var. *parasitica* Pritch. et Porte，称寄生酸腐节卵孢，属半知菌门真菌。

〔发病规律〕 病菌主要以菌丝体在土壤中越冬，也可以分生孢子在温室墙壁表面上越冬。病菌多从伤口或衰老部位侵入，可通过风、雨、接触传播，采收后仍可发病。温度 23～28℃、相对湿度大于 85% 有利于发病，伤口多时易发病。

〔防治方法〕

1）农业防治。采用高畦覆盖地膜栽培方式，保持通风降湿，雨后及时排水。果实成熟时及时采收，避免产生伤口。收获后剔除伤果、病果。

2）化学防治。发病初期及时喷洒 50% 的甲基硫菌灵 600 倍液或 77% 的氢氧化铜可湿性粉剂 500 倍液进行防治，5～7 天喷 1 次，连喷 2～3 次。

 提示　最好进行土壤消毒，阴雨天时用烟剂熏棚防治病害。

20. 炭疽病 >>>>

〔症状〕 主要为害果实。感病后果面出现近圆形小病斑，浅褐色，稍凹陷（图 20-1），湿度大时出现褐色或黑色小点（分生孢子盘）。

〔病原〕 病原菌为 *Colletotrichum coccodes* (Wallr.) Hughes.，称番茄刺盘孢，属半知菌门真菌。

图 20-1　炭疽病果实发病症状

〔发病规律〕 病菌以菌丝体或分生孢子在病残体中越冬。主要靠雨水飞溅或灌溉水传播。绿果期即可侵染，一般着色后发病。多雨、大雾利于发病，成熟果易发病。

〔防治方法〕

1）选用抗病品种。

2）及时清除病残体，适时放风降湿，降低棚内湿度。

3）药剂防治。预防及防治可选用以下药剂：28%的百·霉威可湿性粉剂500倍液，或50%的甲基硫菌灵可湿性粉剂500倍液，或77%的氢氧化铜可湿性粉剂500倍液，或64%的噁霜·锰锌可湿性粉剂500倍液等。

📢 提示　炭疽病以预防为主，发病后较难控制，开花前即应喷药预防。

21. 条斑病毒病 >>>>

条斑病毒病是番茄上的一种毁灭性病害，植株发病后，茎、叶、果都可受害，严重时甚至绝收。近几年寿光市番茄条斑病毒病一直处于上升阶段，为害呈逐年加重趋势，2007～2011年，寿光市几乎所有种植番茄的地区都有不同程度的发生，严重影响番茄产量，是番茄生产上必须坚决防治的病害之一。

〔症状〕番茄果实、茎秆、叶柄、叶片均可受害。幼果发病，果面出现浅褐色近圆形病斑（图21-1），随病情发展，病斑颜色不断加深（图21-2），形成长圆形病斑（图21-3）或条状病斑（图21-4）。若幼果期发病早，则发病重，果实坏死严重（图21-5）。绿果期发病，果实出现近圆形或长椭圆形褐色坏死病斑（图21-6），

图21-1 条斑病毒病幼果发病初期症状

严重时果实全果坏死（图21-7）。着色期发病，症状与绿果期相似（图21-8～图21-10）。茎秆发病，出现浅褐色长条状坏死病斑（图21-11），之后病斑不断扩大（图21-12），颜色变为黑色。叶片发病，从叶缘或叶内出现褐色至黑色坏死病斑（图21-13）。叶柄感病，出现黑色长条状病斑。条斑病毒病严重时常影响植株坐果，降低产量。

图21-2 条斑病毒病幼果
病斑颜色变深

图21-3 条斑病毒病幼果
长圆形病斑

图21-4 条斑病毒病幼果
条状病斑

图21-5 条斑病毒病幼果
发病严重时症状

〔病原〕 病原为烟草花叶病毒（Tobacco Mosaic Virus，TMV）条斑株系或与马铃薯X病毒（Potato Virus X，PVX）复合侵染引起。

〔发病规律〕 病毒可通过接触传染，如菜农在田间或棚室中进行整枝、打杈、吊蔓时不按照先健株后病株的操作方法或农具不

图 21-6 条斑病毒病绿
果期发病症状

图 21-7 条斑病毒病绿
果期发病后期症状

图 21-8 条斑病毒病着色期
从果肩部发病

图 21-9 条斑病毒病着色期
发病典型症状

图 21-10 条斑病毒病着色期
发病严重

图 21-11 条斑病毒病茎秆
发病初期症状

图 21-12 条斑病毒病病斑
不断扩大

图 21-13 条斑病毒病叶片
发病初期症状

进行消毒，容易造成病毒的传播。同时，病残体、种子、蚜虫等也可传播病毒。从调查情况来看，高温、连阴天后突然晴天、氮肥施用过多、土壤黏重或栽培过密时发病重。

〔防治方法〕

1）选用抗病品种。如毛粉 802、中蔬 6 号等。

2）种子消毒。用 10% 的磷酸三钠溶液浸种 20min，清水冲洗 30min，或将充分干燥的种子在 70℃ 恒温箱中处理 72h。

3）防止人为传染。在农事操作中要坚持先健株后病株的原则进行，同时用 10% 的磷酸三钠溶液洗手及对农具进行消毒。

4）防治传毒介体蚜虫等。应重视蚜虫等传毒介体的防治工作，发现蚜虫后喷洒 40% 的乐果乳油 1 000 倍液或 50% 的抗蚜威可湿性粉剂 4 000 倍液进行防治。

5）药剂防治。发病初期喷洒 1.5% 的烷醇·硫酸铜乳剂 1 000 倍液，或 20% 的盐酸吗啉胍可湿性粉剂 500 倍液，或 0.5% 的菇类蛋白多糖 250 倍液，或混合脂肪酸水乳剂 100 倍液等药剂，连喷 3~4 次。

⚠ **注意** 条斑病毒病为害极大，一旦发生极难控制。发病前定期喷洒几丁聚糖等提高植株免疫力，同时坚持"控虫防病"的策略防治好害虫。

22. 晚疫病 >>>>

〔症状〕叶片发病，先沿叶脉附近出现水渍状、边缘不清晰的褐色病斑（图22-1），后颜色加深（图22-2），病斑背面也出现症状，随病情发展，病斑扩大，有时呈"V"字形病斑（图22-3），严重时叶片枯死（图22-4），湿度大时病部出现稀疏白色霉层。叶柄及小枝发病，出现褐色水浸状梭形病斑，病斑边缘不清晰（图22-5）。茎秆染病，出现褐色长条状病斑（图22-6）。侵染果实，多从下部出现云纹状褐色病斑，并不断扩展（图22-7）。病害严重时植株叶片大多死亡（图22-8）。

图 22-1　晚疫病叶片发病初期症状

图 22-2　晚疫病病斑颜色加深

图 22-3　晚疫病叶片发病
后期症状

图 22-4　晚疫病叶片萎蔫枯死

〔病原〕病原菌为 *Phytophthora infestans*（Mont.）De Bary，称

致病疫霉，属鞭毛菌门真菌。

图22-5　晚疫病小枝及叶柄发病症状

图22-6　晚疫病茎秆发病症状

图22-7　晚疫病果实发病中期症状

图22-8　晚疫病田间发病症状

〔发病规律〕　主要以菌丝体或卵孢子随病残体在土壤里越冬。第二年萌发形成孢子囊，产生游动孢子，随雨水传播，侵染寄主。发病后再产生大量游动孢子进行再侵染。低温多雨条件下发病重。

〔防治方法〕

1）选用抗病品种。如中蔬4号等。

2）加强栽培管理，提倡轮作，注意控制浇水，降低棚内湿度，并增施磷、钾、钙肥。

3）高温闷棚。晴天中午可密闭大棚，使棚内温度升至40～42℃，保持2h左右，隔3～5天重复1次，可有效抑制病害发展。

4）药剂防治。保护地棚室提倡使用烟剂熏蒸和粉尘药剂防治。烟雾法，发病前或发病初期每亩用45%的百菌清烟剂220g，均匀放在垄沟内，将棚密闭，点燃熏烟。熏 1 夜，次晨通风，隔 7 天熏 1 次，可单独使用，也可与粉尘法、喷雾法交替轮换使用。发现中心病株后喷洒 70% 的乙磷·锰锌可湿性粉剂 500 倍液，或 72% 的霜脲·锰锌可湿性粉剂 800 倍液，或 72.2% 的霜霉威盐酸盐水剂 800 倍液，7 ~ 10 天喷 1 次。

 提示　雨后及时排水并注意土壤消毒。

23. 叶霉病 >>>>

〔症状〕 主要为害叶片。发病时出现不规则形褪绿黄斑或黄褐色病斑（图 23-1），病斑边缘一般不清晰（图 23-2）。随病情发展，病斑面积扩大并不断融合，颜色变为深黄色至黄褐色（图 23-3），严重时病斑坏死，叶片干枯（图 23-4）。病斑背面先出现褐色霉层（图 23-5），之后部分霉层变为灰白色（图 23-6）。发病重时，花萼亦可受害，从尖部开始变褐，并向内发展（图 23-7）。

图 23-1　叶霉病初期叶片出现褪绿黄斑

图 23-2　叶霉病病斑边缘不清晰

〔病原〕 病原菌为 *Fulvia fulva*（Cooke）Ciferri，称褐孢霉，属半知菌门真菌。分生孢子具有 0 ~ 2 个隔膜（图 23-8）。

图 23-3 　叶霉病发病中期症状

图 23-4 　叶霉病严重时病部枯死

图 23-5 　叶霉病叶背褐色霉层

图 23-6 　叶霉病叶背灰白色霉层

图 23-7 　叶霉病严重时花萼发病症状

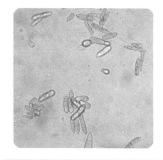

图 23-8 　病原菌分生孢子形态

　　〔发病规律〕 以菌丝体或分生孢子在病残体内越冬，也可以分生孢子附着在种子表面越冬。第二年环境合适时，越冬的菌丝体产生分生孢子，借助气流传播侵染寄主，引起初侵染，病斑上产生的大量分生孢子，进行再侵染。

〔防治方法〕

1）农业措施。收获后清除病残体，适当增施磷钾肥，适时浇水及通风，控制棚室内相对湿度。

2）药剂防治。发病后及时喷洒50%的多·霉威可湿性粉剂800倍液，或50%的苯菌灵可湿性粉剂1 000倍液，或12.5%的烯唑醇可湿性粉剂4 000倍液，或45%的噻菌灵悬浮剂1 000倍液，或25%的醚菌酯悬浮剂1 000～1 500倍液等。7～10天喷1次，连喷2～3次。

⚠ **注意** 部分地区叶霉病病菌的抗药性较强，应注意不同药剂的混配及交替使用，延缓抗药性的产生。

24. 疫霉根腐病 >>>>

疫霉根腐病是番茄生产上的重要病害，近年来在部分地区发生日趋严重，造成了极大危害，因病害症状易与枯萎病及青枯病混淆，广大菜农常不能准确诊断病害，导致发病后菜农盲目配药，同时用多种药剂防治病害，既增大了用药成本，又不利于无公害蔬菜生产的健康发展。

〔症状〕疫霉根腐病发病初期植株在中午高温期间表现萎蔫症状（图24-1），随病情加重，顶部叶片萎蔫严重（图24-2），下部叶片也出现病变（图24-3）。发病后根系先变为浅褐色（图24-4），后颜色加深为黑褐色（图24-5），严重时靠近根部的维管束也变为褐色（图24-6）。土壤浇水过多病重。

因为疫霉根腐病常导致植株地上部分萎蔫，其症状与枯萎病及青枯病相似，有时不易区分，在这里作者根据几年来的调查经验，提供一种较为实用的方法区别这3种病害。

枯萎病与疫霉根腐病的区别在于：枯萎病虽然也造成番茄的维管束变为褐色，但番茄根部表面一般不变为褐色。

图24-1 疫霉根腐病初期植株
呈失水状萎蔫

图24-2 疫霉根腐病顶部叶片萎蔫

图24-3 疫霉根腐病
下部叶片症状

图24-4 疫霉根腐病根系
变为浅褐色

图24-5 疫霉根腐病部分根系
变为黑褐色

图24-6 疫霉根腐病根部及
维管束变为褐色

青枯病与疫霉根腐病的区别在于：青枯病为细菌病害，也导致维管束变褐，将番茄根或茎部切断，放到盛有水的烧杯或碗中，可看到有烟雾状的菌脓流出，而真菌性病害则无此现象。

〔病　原〕 病原菌为鞭毛菌门的真菌 *Phytophthora parasitca* Dast.（寄生疫霉）和 *P. capsici* Leonian（辣椒疫霉）。孢子囊椭圆形，一般单胞顶生，大小为（23.3 ~ 62.6）μm ×（19.2 ~ 47.8）μm。

〔发病规律〕 病菌主要以厚垣孢子或卵孢子在土壤中的病残体上越冬。第二年产生孢子囊和游动孢子引起初次侵染和再侵染，一般通过雨水或灌溉水传播。高温高湿或地温低利于发病，遇连阴天或浇水后不及时放风导致棚内湿度过高时发病重。另外，作者在调查中发现发病严重的大棚中土壤多呈微酸性，说明微酸性土壤也有利于病害的发生。

〔防治方法〕

1）选用抗病品种。作者经过 3 年的田间调查发现，早丰、西粉3 号等品种抗病性较差，发病严重；强丰、毛粉 802 等品种则发病较轻。

2）农业防治。在番茄生产中和收获后及时清理病残体，压低大棚中病原菌的数量。实行轮作，因疫霉根腐病是一种土传病害，病原菌容易在土壤中逐年积累，因此提倡与非茄果类蔬菜轮作，减轻病害发生。合理灌溉，灌水量大或大水漫灌、灌水次数多的大棚一般发病重，小水浅灌的发病轻；中午高温时灌水发病重，早晚灌水发病轻。采用高垄栽培，高垄栽培能够提高地温、降低湿度、调节土壤肥力、增加透性、壮大根系，增强植株抗病能力，一般垄高 15 ~ 20cm。调节土壤酸碱度，因为微酸性土壤有利于病害的发生，可通过撒施适量生石灰的方法将土壤的酸碱度调节为中性。

3）药剂防治。发病初期可喷洒 40% 的三乙磷酸铝可湿性粉剂200 倍液，或 64% 的杀毒矾可湿性粉剂 500 倍液，或 72.2% 的霜霉威水剂 800 倍液。土壤较干燥时也可用上述药剂灌根防治，效果更好。

提示 雨后及时排水，发病重的地区最好进行土壤消毒。

25. 早疫病 >>>>

【症状】 主要为害叶片及果实。叶片发病，病斑多为近圆形（图25-1）或不规则形，病斑常有轮纹（图25-2）。果实发病，病斑为黑色、凹陷，后期易开裂（图25-3）。

【病原】 病原菌为 *Alternaria solani*（Ellis et Martin）Jones et Grout，称茄链格孢，属半知菌门真菌。

图25-1 早疫病圆形病斑

图25-2 早疫病轮纹病斑

图25-3 早疫病果实发病症状

【发病规律】 以菌丝体或分生孢子随病残体在土壤中越冬。第二年借气流或雨水传播，可直接侵染或从气孔等空口侵入，形成病斑后产生分生孢子进行再侵染。降雨多、空气湿度大发病重。

【防治方法】

1）农业防治。采收后及时清除病残体。有机肥要充分腐熟。

禁止大水漫灌，雨后及时排水，通风透光，降低湿度。

2）药剂防治。发病初期喷75%的百菌清可湿性粉剂 600～800 倍液，或50%的苯菌灵可湿性粉剂 1 500 倍液，或40%的多·硫悬浮剂 500 倍液。每隔 10 天喷 1 次，连续喷 2～3 次。

🔍 **技巧** 阴雨天不适宜喷雾防治的情况下可利用烟雾剂熏棚防治。

26. 芝麻斑病 >>>>

〔症状〕 可为害叶片、茎秆及果实。幼苗发病，出现较多褐色圆形小病斑，成株期发病，叶片病斑较大，颜色为褐色至黑色（图 26-1）。侵染茎秆，病斑为长椭圆形，凹陷，褐色（图 26-2）。果实发病，病斑近圆形或不规则形。

图 26-1 芝麻斑病叶片典型症状　　图 26-2 芝麻斑病茎秆发病症状

〔病原〕 病原菌为 *Helminthosporium carposapeum* Pollack.，称番茄长蠕孢，属半知菌门真菌。

〔发病规律〕 主要以菌丝体在病残体中越冬，环境适宜时产生分生孢子，借气流、雨水传播到寄主上，直接侵入或从气孔侵入，潜育期 2～3 天。病菌发育适温为 25～28℃，高温高湿，尤其是多雨条件发病重。

〔防治方法〕

1）加强田间管理。雨后及时排水。适时收集病落叶并烧毁，有助于减少菌源，减轻发病。收获时更应全面彻底清除病残株并烧毁，这样可以明显减少下一生长季节病害的发生。

2）药剂防治。发病初期喷洒80%的代森锰锌可湿性粉剂600倍液或25%的戊唑醇可湿性粉剂1 500倍液，隔7天左右喷1次。

⚠️ **注意** 幼苗发病后用药防治时，戊唑醇、氟硅唑等唑类药剂浓度不宜过高，以免抑制植株正常生长。

27. 枝孢褐斑病 >>>>

〔症状〕 主要为害叶片。幼苗发病，初现不规则形褐色病斑，后期病斑融合致叶片枯死（图27-1、图27-2）。成株期发病，病斑近圆形或长椭圆形，褐色，有时病斑外有黄色晕圈（图27-3），发展后病斑融合（图27-4），引起叶片干枯死亡。

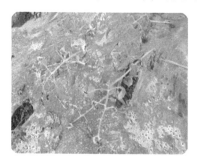

图 27-1 枝孢褐斑病
幼苗发病症状

图 27-2 枝孢褐斑病发病
严重时幼苗叶片枯死

〔病原〕 病原菌为 *Cladosprium capsici*（Marchal et Steyaert）Kovacevski，称辣椒枝孢，属半知菌门真菌。

图 27-3 枝孢褐斑病
叶片上的病斑

图 27-4 枝孢褐斑病病斑
融合成大型病斑

〔发病规律〕病菌以菌丝体或分生孢子在病残体中越冬。第二年以分生孢子进行侵染，随气流、雨水、灌溉水等传播。高温高湿发病重。

〔防治方法〕

1）增施有机肥或有机活性肥，注意氮磷钾配合，避免缺肥，增强寄主抗病力。

2）及时清除病残体，降低菌源量。

3）发病初期及时喷洒 50% 的多菌灵磺酸盐可湿性粉剂 800 倍液，或 25% 的醚菌酯悬浮剂 1 000～1 500 倍液，或 10% 的苯醚甲环唑水分散粒剂 1 500 倍液等。

⚠ 注意 枝孢褐斑病一定要以预防为主，一旦发病很难控制。唑类药剂效果较好，但花前生长期应注意用量及次数，以免抑制正常生长。

28. 丛枝病 >>>>

〔症状〕主要表现为植株叶腋处长出许多不定芽或腋芽，腋芽纤细弱小（图 28-1、图 28-2），顶部幼叶常扭曲变形或成条状。

受害植株结果少（图28-3），田间发病后易于辨认（图28-4），应及时拔除病株。

【病原】 病原菌为 Tomato rosette，*phytoplasma*，称番茄丛枝植物菌原体，属细菌界软壁菌门。

【发病规律】 主要通过嫁接传播，也可能通过传毒介体传播。

【防治方法】

1）采用无病芽嫁接。

图 28-1 丛枝病叶腋处长出许多不定芽

图 28-2 丛枝病腋芽丛生

图 28-3 丛枝病结果较少

图 28-4 丛枝病典型症状

2）发病后及时喷洒四环素或土霉素 3 000～4 000 倍液，10 天左右 1 次，连喷 1～2 次。

📢 提示　丛枝病从症状看与病毒病引起的症状十分类似，但两者用药完全不同，拿不准病原时最好请植保专家进行鉴定诊断。

29. 细菌性斑疹病 >>>>

〔症状〕可为害叶片、茎秆、果实等。叶片发病，叶面出现边缘不清晰的褐色褪绿斑（图29-1），继而形成近圆形或不规则形褐色病斑，一般病斑外具有黄色晕圈（图29-2），病斑背面边缘清晰（图29-3），田间条件适宜时，病叶率甚高（图29-4）。茎秆受害，出现近圆形或椭圆形褐色病斑（图29-5），后期病斑不断融合。叶柄发病，症状与茎秆相似。果实发病，先出现褐色针状小病斑，略凹陷（图29-6），感病品种病斑稍大。

〔病原〕病原菌为 *Pseudomonas syringae* pv. *tomato*，称丁香假单胞菌番茄叶斑病致病型，属细菌。

〔发病规律〕病菌以菌体在种子、病残体及土壤里越冬，主要通过雨水飞溅或整枝、打杈等农事活动传播。低温多雨、大水漫灌、阴天进行农事操作易发病。

图 29-1　细菌性斑疹病叶片褪绿

图 29-2　细菌性斑疹病晕圈病斑

图29-3 细菌性斑疹病叶
背中期症状

图29-4 细菌性斑疹病田间症状

图29-5 细菌性斑疹病茎秆
发病症状

图29-6 细菌性斑疹病
果实发病初期症状

〔防治方法〕

1）农业防治。收获后及时清除病残体，与非茄果类作物实行轮作。

2）种子消毒。种子可用55℃温水浸种15min。

3）药剂防治。发病初期喷72%的农用硫酸链霉素可溶性粉剂3 000倍液，或23%的氢铜·霜脲可湿性粉剂800倍液，或3%的中生菌素可湿性粉剂800倍液。每隔7天喷1次，连续喷洒3~4次。

⚠ **注意** 最好不要在阴雨天进行农事操作，以免造成伤口，引起病菌侵染。

30. 细菌性疮痂病 >>>>

〔症状〕 主要为害叶片。初现许多黑色圆形小病斑（图30-1），有时叶脉附近先发病（图30-2），病斑周围常具有黄色晕圈（图30-3），病斑表面粗糙不平，呈疮痂状，病斑背面略凹陷，后期木栓化，也呈疮痂状（图30-4）。

图30-1 细菌性疮痂病
发病初期症状

图30-2 细菌性疮痂病叶脉
附近发病症状

图30-3 细菌性疮痂病
黄色晕圈病斑

图30-4 细菌性疮痂病
叶背典型症状

〔病原〕病原菌为 *Xanthomonas campestris* pv. *vesicatoria*（Doidge）Dye.，称野油菜单胞菌辣椒斑点病致病型，属细菌。

〔发病规律〕病菌随病残体在土壤中越冬，也可附着在种子上越冬。通过风雨和昆虫传播，从伤口或气孔侵入。病菌喜高温、高湿条件，发病最适温度为 25～30℃，农事操作、害虫造成伤口多，发病重。

〔防治方法〕参见"29. 细菌性斑疹病"。

31. 细菌性溃疡病 >>>>

〔症状〕主要为害果实。果面初现乳白色圆形病斑，病斑中央颜色不断变深（图31-1），形成褐色木栓化针状凸起，整个病斑如同鸟眼一般，称为"鸟眼斑"。有的病斑较大（图31-2），着色期后发病病斑边缘多为黄色（图31-3）。幼果发病，病斑数量较多（图31-4）。叶片发病，多从叶缘向内发展，形成"V"字形褐色病斑，周围有黄色晕圈。

〔病原〕病原菌为 *Clavivbacter michiganense* subsp. *michiganense*（Smith）Davies et al，称密执安棒杆菌番茄溃疡病致病型，属细菌。

〔发病规律〕病菌随病残体在土壤中越冬。通过雨水、灌溉水、农事操作等传播，由植株的伤口、气孔等孔口侵入。发病后，病斑产生菌体，借助雨水传播到健康植株上引起再侵染。

图31-1 细菌性溃疡病白色病斑中央颜色变深

图31-2 细菌性溃疡病大型"鸟眼斑"

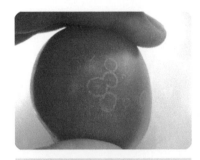

图 31-3 细菌性溃疡病
着色后发病症状

图 31-4 细菌性溃疡病
幼果发病症状

〔防治方法〕

1）加强检疫。病区种子不外运，建立无病留种田，从无病株上留种。

2）种子消毒。可用 55℃ 温水浸种 30min，也可利用干热灭菌，将干种子放在烘箱中，在 70℃ 下保温 72h 或者在 80℃ 下保温 24h。

3）实行轮作。有条件的地区可实行水旱轮作，可杀死大量土壤中的菌源。

4）药剂防治。平时预防及治疗可选用下列药剂：20% 的叶枯唑可湿性粉剂 800 倍液，或 77% 的氢氧化铜可湿性粉剂 800 倍液，或 25% 的络氨铜水剂 500 倍液，或 72% 的农用链霉素可溶性粉剂 4 000 倍液。

⚠ **注意**　阴雨天最好不要进行农事操作，以免造成伤口，引起病菌侵染。

32. 细菌性软腐病 >>>>

〔症状〕　主要为害果实。果实病斑呈透明状，易破裂，有臭味（图 32-1），后期病果常失水干缩。

〔病原〕　病原菌为 *Erwinia carotovora* subsp. *carotovora*（Jones）

Bergey et al.，称胡萝卜软腐欧文氏菌胡萝卜软腐致病型，属细菌。

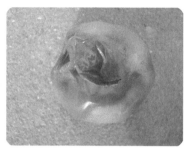

图32-1　细菌性软腐病病果

〔发病规律〕病菌随病残体在土壤中越冬。腐生性强，从植物表面的伤口侵入，在扩展过程中分泌原果胶酶，分解寄主细胞间中胶层的果胶质，使细胞解离崩溃、水分外渗，病组织呈软腐状。

〔防治方法〕

1）防止产生伤口。蛀食害虫、整枝打杈等农事操作会造成伤口，引起病菌侵染。

2）其他防治方法参见"29. 细菌性斑疹病"。

 提示　发病重的果实最好及时摘除并带到棚外销毁。

33. 细菌性髓部坏死病 >>>>

细菌性髓部坏死病是近几年在我国部分地区发生的一种病害，有逐渐加重的趋势，已成为番茄生产中的重要病害，尤其在3～6月发病严重，对番茄的产量和品质造成了极大损害，因该病以前发生较少，发病后菜农常不能准确诊断病害、对症下药，导致盲目配药、滥施农药，效果既不理想，又增大了用药成本，同时也不利于无公害蔬菜生产的健康发展。

〔症状〕主要为害番茄茎和分枝。多从靠近地面的部位发病，茎秆上出现黑色长条状病斑（图33-1、图33-2），茎秆内物质减少，发生病变（图33-3），形成空洞，严重时变为黑色（图33-4），发病后可剥开茎秆涂抹药剂（图33-5）。发病后期植株多萎蔫（图33-6），严重时植株枯死。

图 33-1 细菌性髓部坏死病
茎秆上的黑色病斑

图 33-2 细菌性髓部坏死
病发病严重

图 33-3 细菌性髓部坏死
病茎秆内部病变

图 33-4 细菌性髓部坏死
病茎秆内部变黑

图 33-5 细菌性髓部坏死病治疗
时剥开茎秆涂抹药剂

图 33-6 细菌性髓部坏死
病植株萎蔫

〔病原〕 病原菌为 *Pseudomonas corrugata* Roberts et Scarlett，称番茄髓部坏死病假单胞菌（皱纹假单胞菌），属细菌。菌体有多根鞭毛，菌落一般为黄白色至黄褐色。

〔发病规律〕 病菌多从整枝伤口处侵入发病，并通过雨水、农事操作等传播蔓延。发病症状表现多在番茄青果期。一般 3 ~ 6 月份遇夜低温或高湿天气，容易发病。地势低洼，管理不善，肥料缺乏，植株衰弱或偏施氮肥等发病严重。

〔防治方法〕

1）种子消毒。可温汤浸种或用 0.6% 醋酸溶液浸种 24h 杀菌。处理后用清水冲洗掉药液，稍晾干后再催芽。

2）加强栽培管理。在发病地块避免连作，可与非茄科蔬菜轮作，施用充分腐熟的有机肥，不偏施、过量施用氮肥，增施磷钾肥；雨后及时排除积水；避免在阴雨天气整枝打杈；及时清除病残体，通风降湿，降低棚内湿度。

3）药剂防治。发病后可用 90% 的链·土可溶性粉剂 3 000 倍液，或 72% 的农用硫酸链霉素可溶性粉剂 3 000 倍液，或 14% 的络氨铜水剂 300 倍液，或 50% 的琥胶肥酸铜可湿性粉剂 500 倍液等喷雾防治，7 天左右喷 1 次，连喷 3 ~ 4 次。若发病较重，可采用注射法进行防治，使用注射器将上述药剂从病部上方注射到植株体内进行治疗，3 ~ 5 天注射 1 次，连用 3 ~ 4 次。

📢 提示 最好进行土壤消毒。使用注射法防治病害时药剂浓度不要随意加大。

34. 细菌性叶枯病 ＞＞＞＞

〔症状〕 主要为害叶片。初现米粒大黄色圆形小病斑（图 34-1），数量较多，后期病斑坏死干枯。用显微镜观察病斑组织可见细菌的喷菌现象（图 34-2）。

图 34-1 细菌性叶枯病叶片
黄色病斑

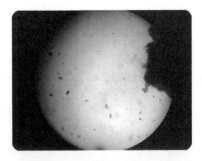

图 34-2 细菌性叶枯病的
细菌喷菌现象

〔病原〕 病原菌为 *Xanthomonas campestris* pv. *cucubitae*（Bryan）Dye，称野油菜黄单胞菌黄瓜叶斑病致病变种，属细菌。

〔发病规律及防治方法〕 参见"29. 细菌性斑疹病"。

🔊 提示 病害症状有时与真菌性病害类似，拿不准时可利用显微镜进行切片观察，看有无喷菌现象。

二、生理性病害

35. 2, 4-D 药害 >>>>

〔症状〕 番茄果实脐部向外突出呈"奶头状"（图35-1）。叶片则表现为展开受抑制。

〔病因〕 番茄种植管理过程中使用过多或含量过大的2,4-D蘸花药所致。

〔防治方法〕

1）按相应规范使用2,4-D蘸花药，根据品种、温度合理选用药剂含量及使用量。

图35-1 2,4-D药害果实
受害症状

2）出现症状后，加强肥水供应，减轻为害。

提示 2,4-D的浓度及用量与温度有较大关系，应严格按规定使用。

36. 矮丰王药害 >>>>

〔症状〕 主要为害叶片。新叶发病重，叶片黄化（图36-1），扭曲变形（图36-2），中下部叶片一般不黄化，表现为叶片及叶柄下垂翻转（图36-3），严重时小枝也向下弯曲。

〔病因〕 使用矮丰王调节植物生长时用量过大或一次使用含量过高所致。

图36-1 矮丰王药害
新叶黄化

图36-2　矮丰王药害
新叶扭曲

图36-3　矮丰王药害叶片及
叶柄下垂翻转

〔防治方法〕

1）按照不同作物使用浓度规定及用药时间科学使用药剂。

2）发生药害后可喷洒赤霉素、芸薹素内酯等促进植物生长的调节剂减轻为害。

提示　植株长势弱及气温低时不宜使用矮丰王调控植株生长。

37. 矮壮素药害 >>>>

〔症状〕　主要表现为植株节间缩短（图37-1），严重时叶片出现褪绿黄斑。

〔病因及防治方法〕　参见"36. 矮丰王药害"。

38. 爱多收药害 >>>>

〔症状〕　主要表现为植株侧枝向下生长（图38-1）。

〔病因〕　爱多收（复硝酚钠）一般的使用含量为5 000～6 000倍。若低于1 500～2 000倍，部分敏感品种易出现药害。

图37-1 矮壮素药
害植株节间缩短

图38-1 爱多收药害受害
植株侧枝向下生长

〔防治方法〕

1）科学使用爱多收促进植株生长，含量不要随意加大。

2）植株受害后，加强肥水管理，多浇几遍水，同时喷洒叶面
肥促进植株生长。

提示 爱多收有利于作物丰产丰收，但要掌握好浓度，否
则不利于生产。

39. 氨气为害 >>>>

〔症状〕 番茄受氨气为害后，多从叶缘发病，出现灰褐色病
变，并向上卷曲（图39-1），新叶卷曲更重，有时舒展不开呈
条状。

〔病因〕 使用未腐熟的粪肥或其他可产生氨气的肥料过多，

会从土壤中释放大量氨气，为害植株。

〔防治方法〕

1）使用充分腐熟的粪肥，肥料不要一次使用过多，速效肥与缓释肥搭配使用。

2）发现为害后，及时通风，稀释氨气浓度。

3）向叶面喷洒水或芸薹素内酯促进植株生长，缓解症状。

图39-1 氨气为害叶缘发病症状

📢 **提示** 施用底肥时，粪肥要腐熟，同时翻入土中的深度不能过浅，可减轻氨气逸出及为害。

40. 茶色果 >>>>

〔症状〕 果实快成熟时应着色为红色，却表现为黄褐色或茶黄色，果面不亮，发暗，商品价值低（图40-1）。

〔病因〕 氮肥施用多，则植株形成的叶绿素多，而着色需要的茄红素、胡萝卜素受到抑制。同时，气温低也会影响番茄的正常着色。

〔防治方法〕

1）科学施用氮肥，增施磷钾肥。

2）棚内气温低时，采用补照灯等辅助升温。

3）合理浇水，不要大水漫灌。

图40-1 茶色果受害症状

> 📢 **提示** 茶色果一定要提前预防，花期就应注意硼磷肥的补充，结果后在补充磷钾肥的同时注意补充光照。

41. 除草剂药害 >>>>

〔症状〕 主要为害叶片。初期叶缘附近出现褪绿黄斑（图 41-1），受害程度不同，黄斑大小及发展速度不一（图 41-2、图 41-3），严重时整叶黄化，后期受害重的叶片干枯死亡（图 41-4）。

图 41-1 除草剂药害初期叶缘出现褪绿黄斑

图 41-2 除草剂药害病情发展

图 41-3 除草剂药害典型症状

图 41-4 除草剂药害部分叶片死亡

〔病因〕 番茄田除草中使用对番茄敏感的除草剂，或因棚室外使用除草剂飘散进棚内番茄上。用使用过除草剂的喷雾器喷洒农药也会引起除草剂药害。

〔防治方法〕

1）喷洒除草剂使用专用喷雾器，贴上标签，避免使用此喷雾器喷洒其他农药。

2）及时去掉受害严重叶片，通过浇水及叶片喷水减轻为害。

3）喷洒1.8％的复硝酚钠水剂5 000～6 000倍液，促进植株细胞质流通，有助于恢复生长。

📢 提示　喷洒农药前一定要确定所用喷雾器是否为喷洒除草剂使用过的喷雾器。

42. 低温障碍 >>>>

〔症状〕叶片、果实均可受害。叶片出现扭曲变形，温度越低、低温持续时间越长，受害越重（图42-1）。果实发病，果面出现褐色不规则形水渍状病斑（图42-2）。

图42-1　低温障碍叶片中度
受害症状

图42-2　低温障碍果面褐色
水渍状病斑

〔病因〕气温在10℃以上番茄方能生长，坐果则需13℃以上。气温低于13℃则影响生长发育，低于10℃茎叶生长停滞，影响叶片正常生长，导致变形。长时间低于6℃植株将会因冷害死亡，-1℃以下会迅速冻死，如植株生长势弱或养分消耗过多，2℃时也会受冻害。

〔防治方法〕

1）选用耐低温品种，如早霞、长春早粉等。

2）对幼苗进行低温锻炼，提高抗逆性。

3）采用地膜覆盖、地面覆草等措施提高地温；气温过低时，可采用补照灯等方法提高棚内温度。

4）露地栽培时，早期采用地膜"近地面覆盖"的形式覆盖幼苗。

📢 提示　番茄是从南美洲引进我国的，对低温耐受能力较差。提高棚室温度的关键和基础是修建的棚室质量过硬、保温性能好。

43. 放射状裂果 >>>>

〔症状〕　多从果蒂部出现小裂口，后裂口扩大并纵向扩展，呈放射状（图43-1），后期裂口处容易着生腐生菌（图43-2）。

图43-1　放射状裂果症状　　　　　　**图43-2**　放射状裂果裂口着
　　　　　　　　　　　　　　　　　　　　　　　　生腐生菌

〔病因〕　主要因浇水过多引起，尤其是个别番茄品种果皮薄，成熟过度时易发生。因强光、农药使用过多导致果皮老化时也易发生。

〔防治方法〕

1）种植果皮厚、不易裂果的品种。

2）果实成熟后及时采收。

3）合理浇水，不要一次浇水过多，避免大水漫灌。

4）在番茄结果期喷洒硼肥、钙肥，增强果皮厚度及韧度，可有效减轻裂果为害。

 提示　预防裂果一定要控制好浇水量，均匀浇水。

44. 肥害 >>>>

〔症状〕　主要为害叶片。一般下部叶片先发病（图44-1），枝条前段叶片先表现症状（图44-2），叶缘区域出现褐色坏死斑（图44-3），严重时叶片卷曲，坏死严重。

〔病因〕　化肥使用过多，土壤内盐离子含量过大所致。

图44-1　肥害下部叶片症状

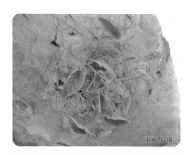

图44-2　肥害枝条前端
叶片症状

图44-3　肥害叶缘症状

〔防治方法〕

1）测土配方施肥。

2）多施腐熟有机肥，减少化肥使用量。

3）发病后多浇水，放风排气，有必要时喷洒海藻酸类叶面肥促进恢复。

⚠️ **注意** 肥害的发生频率越来越高，主要因为"多施肥多结果"的不正确观念，土地饱和后施肥再多也不会提高产量，还会破坏土壤结构造成减产。

45. 高温障碍 >>>>

〔症状〕 主要为害叶片。叶面出现近圆形褐色坏死斑（图45-1），叶缘受害后易卷曲（图45-2），受害重时出现大型褐色病斑。

图45-1 高温障碍叶面出现
褐色坏死斑

图45-2 高温障碍叶缘
受害卷曲

〔病因〕 田间或棚室内温度高于35～40℃较长时间即会受害，因叶片进行正常生理活动所需各种酶的活性在高温条件下受抑制，导致叶片出现异常。

〔防治方法〕

1）环境温度高时，使用遮阳网或降温剂，降低棚室内温度。

2）适时通风，叶面喷水，降低温度。

3）提前喷洒0.1%的硫酸锌或硫酸铜溶液，有助于提高耐热性。

📢 **提示** 预防高温障碍最好使用遮阳网，如果没有可以将用土混合的泥水泼在大棚薄膜上，降低光照强度。

46. 环状裂果 >>>>

【症状】 以果蒂为中心呈现同心圆状裂果（图46-1、图46-2），有时同放射状裂果一起发生。

图46-1 番茄环状裂果症状　　　**图46-2** 樱桃番茄环状裂果

【病因及防治方法】 参见"43. 放射状裂果"。

47. 畸形果 >>>>

【症状】 番茄果实表现奇形怪状，果形改变（图47-1、图47-2），严重影响商品价值。

【病因】 主要因环境异常引起，尤其是花芽分化期环境恶劣所致。常见情况有：花芽分化期温度过低或过高、营养供应不足、病虫害严重导致植株生长衰弱，同时，日照不足、氮肥过多、生长失调，也易形成畸形果，特别是棚室番茄采用番茄灵、防落素等激素蘸花，使用含量、时期、部位不当时最易长出畸形果。

图 47-1 乱形果

图 47-2 畸形果

〔防治方法〕

1）选择对低温不敏感而商品性好的高产品种。如佳粉系列等。

2）在花芽分化期要设法提高温度，使花芽分化、发育正常进行。

3）平衡施肥，不要偏施氮肥。

4）正确使用生长激素，要做到因地、因时使用，并使用适宜的含量。

5）及时防治病虫害，保持植株健康生长。

技巧 畸形果预防的关键在于植株花芽分化期间提供良好的温度、湿度及营养条件。

48. 激素中毒 >>>>

〔症状〕 主要为害叶片。典型症状为叶面出现疱疹状突起，叶片呈"鸡爪状"（图 48-1），受害重时叶片呈条状，叶缘缺刻增多（图 48-2），叶脉变亮呈透明状（图 48-3）。一般来说，新叶受害重，症状明显，老叶及受害轻的叶片症状不甚明显（图 48-4），在生产中易被忽略。

〔病因〕 番茄生产管理过程中，常需要各种激素来调节植株的

图48-1 激素中毒叶片鸡爪状及
疤疹状突起

图48-2 激素中毒叶缘
缺刻增多

图48-3 激素中毒叶脉变亮

图48-4 激素中毒老叶受害症状

生长，若用量过大或含量过高易导致激素中毒。

〔防治方法〕

1）使用激素时按规定含量使用。同时应结合气温及不同番茄品种，确定激素的适宜含量。温度高时激素使用含量要相应降低。

2）发现症状后，可用生理平衡剂100g、白糖100～150g，兑水35kg进行叶面喷雾，连喷2～3次。激素中毒中后期用5～7mL胺盐兑水12.5kg进行喷施，每5～6天喷1次，可减轻为害，促进生长。

📢 **提示** 激素多种多样，过量使用容易引起植株早衰，栽培中应结合经验及天气情况确定合理使用量。

49. 筋腐病 >>>>

〔症状〕 筋腐病为害果实，果面出现黄白色或褐色条状病斑（图49-1、图49-2），切开果肉可见内部维管束及果肉变为褐色（图49-3）。

图49-1 筋腐病果面出现
黄白色条状病斑

图49-2 筋腐病樱桃番茄
发病症状

〔病因〕 土壤中钾含量低或因施氮肥过多拮抗对钾的吸收，日照不足或温度低时也易发生。

〔防治方法〕

1）选用抗病品种。如佳粉1号、早丰等。

2）在番茄植株周围开沟，然后适当追施硫酸钾、草木灰等含钾的肥料，覆土后及时补水。

3）喷施0.2% ~ 0.3%的复

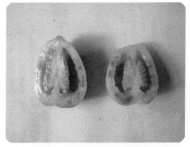

图49-3 筋腐病内部褐色
维管束

合型磷酸二氢钾水溶液，也可喷施15%的草木灰浸出液，或0.0016%的芸薹素内酯水剂800~1 000倍液喷雾。

提示 开花结果后根据植株长势及结果数量，适时补充钾肥。

50. 空洞果 >>>>

〔症状〕 番茄空洞果外形多有棱角，受害程度不同，棱角多少及深浅有差异（图50-1、图50-2），切开果实可见果实内部有空洞。

图50-1 空洞果中度
受害症状

图50-2 空洞果重度
受害症状

〔病因〕 番茄受精期间遇低温、弱光或高温、营养不足等不利条件，花粉发育不良、生长势弱，不能正常坐果或坐果后难以膨大，导致果腔部膨大缓慢，跟不上果肉部的膨胀速度，致使果肉部与果腔部之间形成间隙或空洞。生长后期过晚形成的果实遇到营养缺乏的情况也容易形成空洞果。

〔防治方法〕

1）加强光照和温度调控，尤其是番茄受精期间的温度及光照。遇低温弱光应加开补光灯、大功率电器等。高温条件下可采取遮阳网、降温剂等途径降低温度。

2）加强水肥供应。增施磷钾肥，合理施用氮肥，提高植株生长势，促进营养生长与生殖生长平衡发展。若有必要，可喷施叶面肥补充营养。定期浇水，保持土壤湿度适中。

3）合理使用激素。一般当花序上的花有60%～70%开放时使用激素，提倡选用对氯苯氧乙酸钠蘸花，通常含量为25～40mg/kg，温度高时含量适度降低。

4）摘心不宜过早，否则易引起养分不协调及营养不良，形成空洞果。

💨 提示　开花授粉期要保持良好的温度、水分条件及充足的营养供应。

51. 冷风为害 >>>>

〔症状〕叶片扭曲变形（图51-1），叶面出现黄白色至褐色、大小不一的枯斑（图51-2）。

图51-1 冷风为害叶片扭曲

图51-2 冷风为害叶片上的白色干枯斑

〔病因〕大棚外有冷风时，从大棚口或封闭不严的地方吹到棚内植株上。

〔防治方法〕

1）大棚口悬挂草帘或棉被挡住冷风，同时用棉被对大棚漏风的地方进行保护。

2）其他防治方法参见"42. 低温障碍"。

52. 绿肩果 >>>>

〔症状〕番茄着色后应全果变为红色，但病果肩部一直保持绿色不变红（图52-1），剥开果皮，可见内部维管束变为褐色（图52-2）。

图52-1 绿肩果病果

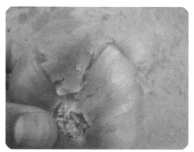

图52-2 绿肩果内部褐色
维管束

〔病因〕 番茄肩部保持绿色是因为此处茄红素的形成受到抑制，在氮肥使用过多、营养生长过旺，钾肥少、缺硼，土壤干燥时，发病最为严重。同时，环境温度偏高、阳光直晒果面时，也易形成绿肩果。

〔防治方法〕

1）施足充分腐熟的有机肥，注意增施磷、钾、硼肥。

2）适时适量浇水，防止土壤过分湿润或干燥。

3）阳光过强时尽量使用遮阳网。

📢 **提示** 结果后应控制氮肥施用量，浇小水，不要大水漫灌。

53. 沤根 >>>>

〔症状〕 幼苗及成株期均可发生，症状相同。植株叶片萎蔫，严重时下部叶片黄化（图53-1）。果实变黄白色失水状。拔出根系，可见部分变为锈褐色（图53-2）。

图 **53-1** 沤根幼苗发病
叶片萎蔫

图 **53-2** 沤根部分锈
褐色根系

〔病因〕 一次浇水施肥量过大，土壤中水分多、氧气少，抑制根系的正常生理活动。

〔防治方法〕

1）合理浇水施肥，土壤不要过湿。

2）划锄松土，利于氧气进入土壤，有助于植株恢复生长。

提示 根据植株生育期进行水肥使用量控制，不要一次大水大肥。

54. 硼过剩 >>>>

〔症状〕 主要为害叶片。叶缘出现白色或褐色枯边，叶缘上卷（图 54-1、图 54-2），严重时干枯部分扩大致使叶片枯死。

〔病因〕 硼元素对番茄的开花结果有重要意义，此期间常喷洒各种含硼的叶面肥，使用过多会对叶片造成伤害。

〔防治方法〕

1）合理使用硼元素，控制含硼叶面肥使用次数。

2）及时摘除发病重的病叶并浇水。

3）喷施 0.0016% 的芸薹素内酯水剂 1 000 倍液，促进生长。

图 54-1　硼过剩叶缘变为白色

图 54-2　硼过剩典型症状

　　提示　补充硼肥时最好选用螯合硼，螯合硼不易对植株造成伤害。

55. 脐腐病 >>>>

〔症状〕番茄果实各时期均可发病，果实脐部出现水渍状病斑（图 55-1），并逐渐扩大（图 55-2），环境条件干燥时脐部病斑呈革质状（图 55-3）、凹陷（图 55-4），有的果实发病后脐部不明显凹陷，呈干腐状开裂。

〔病因〕土壤中钙含量不足或土壤干燥植株难以吸收土壤中的

图 55-1　脐腐病幼果发病症状

图 55-2　脐腐病脐部水渍状病斑

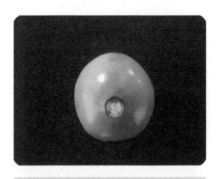

图 55-3　脐腐病脐部革质状病斑

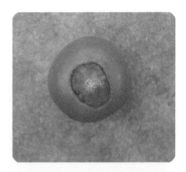

图 55-4　脐腐病典型症状

钙元素，导致果实脐部细胞正常的生理活动受到抑制引起发病。另有研究认为，土壤中水分不稳定，时多时少，也易发病。

〔防治方法〕

1）选用抗病品种。一般来说果皮光滑、果实较尖的品种抗病性强。

2）合理浇水，保持土壤不干不湿。

3）提倡地膜覆盖。有利于维持水分及钙元素的稳定，减少流失。

4）温度高、光照强时使用遮阳网，可降低蒸腾作用，有利于减轻发病。

5）补充钙肥。番茄结果后 1 个月内，是吸收钙的关键时期。可喷洒 1% 的过磷酸钙，或 0.5% 的氯化钙加 5mg/kg 的萘乙酸，或 0.1% 的硝酸钙及 1.4% 的复硝酚钠 5 000 ~ 6 000 倍液。从初花期开始，隔 10 ~ 15 天 喷 1 次，连续喷洒 2 ~ 3 次。

提示　使用氯化钙及硝酸钙时，不可与含硫的农药及磷酸盐（如磷酸二氢钾）混用，以免产生沉淀。

56. 缺氮 >>>>

〔症状〕 植株生长迟缓，叶片黄化（图56-1），遇土壤缺水时幼叶易卷曲。

〔病因〕 番茄喜欢硝态氮肥，如果铵态氮肥施用过多，硝态氮不足，会影响植株正常生长。秸秆还田分解会消耗较多的氮素，也易引起发病。

图56-1 缺硝态氮症状

〔防治方法〕

1）底肥施用足够发酵好的粪肥或有机肥。

2）当土壤中氮素缺乏时及时补充氮肥，温度低时施用硝态氮化肥效果好。

📢 提示 硝态氮、铵态氮、酰胺态氮是氮肥的三种主要形式。在土壤中，尿素（酰胺态氮）水解为铵态氮，铵态氮氧化为硝态氮。一般来说，早春低温季节尿素和铵态氮的转化比较慢，夏季高温季节转化快。因此，气候较冷凉的地区和季节适宜使用硝态氮肥。

57. 缺钙 >>>>

〔症状〕 一般植株顶部叶片出现症状，多从叶缘向内出现褐色至黑色不规则形坏死斑（图57-1），生长点坏死（图57-2），常与脐腐病伴随发生。

〔病因〕 土壤干旱、盐离子含量过高及植株根部受病虫为害，或水分过多，氮肥施用过多导致钙素吸收受到影响所致。

〔防治方法〕 参见"55.脐腐病"。

图 57-1　缺钙初期症状

图 57-2　缺钙生长点坏死

58. 缺钾 >>>>

〔症状〕叶片边缘先发生病变，出现黄色至褐色病斑（图 58-1），后颜色加深并向叶内发展（图 58-2），严重时叶片从外向内干枯坏死。

图 58-1　缺钾初期叶缘发病症状

图 58-2　缺钾典型症状

〔病因〕土壤中钾含量低或施用过多氮肥、硼肥等拮抗植株对钾元素的吸收，光照弱、温度低时也易发生。

〔防治方法〕

1）选用抗病品种。如佳粉 1 号、早丰等。

2）番茄结果后适当追施硫酸钾、草木灰等含钾的肥料。

3）叶面喷施 0.2%～0.3% 的磷酸二氢钾水溶液补充钾肥。

提示 钾元素与硼元素有较强的拮抗作用，施用硼元素过多有时也会引起缺钾症状。

59. 缺磷 >>>>

〔症状〕 叶面出现边缘模糊不规则的紫色病斑（图59-1、图59-2），病部背面也出现褪绿症状。

图59-1 缺磷初期症状

图59-2 缺磷典型症状

〔病因〕 土壤酸性大、板结，土壤过干，地温低易导致缺磷症。根系受伤或吸收能力弱也会引起植株缺磷。

〔防治方法〕

1）定植时施足有机肥及磷肥。

2）发生缺磷症状后可用0.2% ~ 0.3%的磷酸二氢钾溶液或0.5% ~ 1%的过磷酸钙水溶液叶面喷施。

提示 土壤一般来说不缺磷，只是土壤酸化等情况下吸收磷元素困难，可对土壤进行改良，改善土质。

60. 缺镁 >>>>

〔症状〕 主要在叶片上表现症状。叶脉间先出现模糊的黄化褪绿症状（图60-1），随之褪绿部分黄化明显（图60-2）。因镁元素在植株间移动性较好，故中下部叶片发病较重。

图60-1 缺镁初期症状　　　　图60-2 缺镁典型症状

〔病因〕 土壤中缺乏镁元素、根系吸收能力差、地温过低或钾肥用量大抑制镁元素的吸收均可引起发病。

〔防治方法〕

1）定植时施足有机肥。

2）提高地温，保障镁元素的吸收。

3）出现症状后喷施0.5%～1.0%的硫酸镁水溶液，3～5天喷1次。

提示　镁元素是番茄有较大需求的一种中量元素，应定期进行补充，以免缺乏。

61. 缺硼 >>>>

〔症状〕 主要表现为果实表面出现龟裂（图61-1），严重时木栓化龟裂斑布满果面（图61-2）。

〔病因〕 土壤酸化，施用过量石灰、钾肥及土壤干燥时易导致缺硼症。

图 61-1 缺硼果皮龟裂

图 61-2 缺硼严重的病果

〔防治方法〕

1）定植时施入含硼的肥料。

2）出现症状后可用 0.1% ~ 0.25% 的硼砂水溶液叶面喷施。

📢 提示 番茄花期及结果期对硼元素的需求有较大增加，可利用螯合态硼元素进行及时补充。

62. 缺铁 >>>>

〔症状〕 主要表现为新叶出现黄化现象，黄化由新叶的叶柄部位开始，向叶尖部位均匀发展（图62-1、图62-2），叶片变薄，一

图 62-1 缺铁新叶受害症状

图 62-2 缺铁新叶叶柄部位
开始黄化

般无褐变、坏死现象。

〔病因〕 引起番茄缺铁的原因较复杂，主要由以下几种。

1）中性或偏碱性土壤，铁容易变成不溶物阻碍吸收。

2）铁在作物体内移动慢，如果土壤过于干燥，或盐分积累过多而中断铁的吸收，导致幼芽缺铁。

3）如果作物吸收过多的锰和铜，因铁在体内被他们所氧化，从而丧失活性。

4）土壤中的钙抑制铁的吸收，磷、锰、锌、铜也阻碍铁的吸收及其在体内的移动。

5）地温过低时易发生缺铁。

6）在土壤通气不良或盐渍化，根系受损时，影响根系的吸收能力也会使番茄缺铁。

〔防治方法〕

1）当土壤 pH 达到 6.5~6.7 时，就要禁止使用碱性肥料而改用生理酸性肥料。当土壤中磷过多时可采用深耕等方法降低其含量。

2）应急对策：如果缺铁症状已经出现，可用 0.5%~1% 的硫酸亚铁水溶液对番茄进行喷施，也可用柠檬铁 100mL/kg 水溶液喷施。

提示 施磷过多，过剩的磷易与铁结合，造成铁不足。

63. 缺锌 >>>>

〔症状〕 植株新叶变小畸形（图 63-1），整体叶片颜色变浅，幼叶褪绿黄化现象重（图 63-2），严重时叶片出现褐色坏死斑。植株矮化，生长缓慢。

〔病因〕 主要因磷肥使用多影响锌的吸收引起，土壤呈碱性也会导致缺锌症的出现。

图63-1　缺锌幼叶变小

图63-2　缺锌新叶褪绿现象重

〔防治方法〕

1）合理施用磷肥，不宜过多。

2）发现缺锌症状后可用0.1%～0.2%的硫酸锌水溶液喷洒叶片，也可选用含锌叶面肥喷洒，根据发病程度，3～5天喷1次。

 提示　土壤为碱性时使用生理酸性肥料调节土壤。

64. 日灼病 >>>>

〔症状〕 植株顶部部分叶片失水枯死（图64-1）。

〔病因〕 植株上部幼叶较长时间被强光直射，失水枯死。

〔防治方法〕

1）夏天阳光过强时使用遮阳网遮阴。

2）向叶片喷水有助于降温，可减轻危害。

图64-1　日灼病叶片
受害症状

提示 增施有机肥，有助于提高土壤的保水能力，减轻日灼病的发生。

65. 生理性卷叶 >>>>

〔症状〕 叶片呈失水状卷曲（图65-1、图65-2），中下部叶片发病重。

图65-1 生理性卷叶轻度
发病症状

图65-2 生理性卷叶中度
发病症状

〔病因〕 主要由土壤缺水引起，尤其是气温高时植株蒸腾作用旺盛，植株水分散失过多，容易发病。

〔防治方法〕

1）定植后进行抗旱锻炼。

2）保障植株水肥供应。

3）避免棚内高温。可利用遮阳网或向大棚膜上浇泥水等措施降低棚内温度。

4）促进植株根系发育。根系发育良好能提高植株对水分的吸收。

提示 苗期最好进行蹲苗、炼苗，提高植株抗逆性。

66. 水肿病 >>>>

水肿病是蔬菜的一种生理性病害，过去露地栽培时较为少见，随着日光温室、塑料大棚等保护地栽培的推广和普及，该病发生率逐步增加，尤其是近年来低温寒流、冻雨等极端天气事件频发，水肿病发病更为频繁。蔬菜受害较轻时，对生产及产量影响较小，若发病严重，可导致植株部分叶片早衰坏死，对蔬菜的产量及品质有较大影响。作者于2007～2012年期间，先后在寿光、临沂、聊城、保定、沈阳等地都曾见到这种病，发病严重的大棚病株率超过90%，早衰严重，应引起植保工作者及菜农的重视。因广大菜农以前较少接触该病，且该病症状与侵染性病害症状相似，易混淆。

〔症状〕 水肿病又称浮肿病、瘤腺体病。该病主要为害叶片，以接近地面的中下部叶片发病重，易感品种叶片上先出现水渍状小泡，大小为1～2mm，浅黄色至褐色，部分扭曲变形叶缘稍向上弯曲，病斑正面褪绿变黄（图66-1～图66-3）。叶片背面出现黄色海绵状疱疹病斑（图66-4），严重时连成一片，随病情发展形成不规则褐色斑并坏死。浇水过多或相对湿度过大，发病部位细胞因吸水严重常导致细胞破裂，并从叶肉细胞中流出水分。发病程度较重时，病斑较大。空气相对湿度低时，病斑易干燥且相互融合为大型病斑。叶片背面的海绵组织经镜检为叶肉组织，无病菌，经分离培养试验也未发现病原菌。

图66-1 水肿病发病轻时
正面症状

图66-2 水肿病病斑正面
发黄稍凹陷

图 66-3 水肿病发病严重时
正面症状

图 66-4 水肿病病斑背面
疤疹病斑

〔病因〕 水肿病主要是由蔬菜叶片吸水和失水不平衡造成的。当出现寒流、冻雨、超低温等极端天气时，可能造成气温低于地温，为了保持棚内（温室内）温度，菜农多不放风或放风时间偏短，易造成棚内湿度过高，使蔬菜叶片的蒸腾作用受到较大抑制，而若是刚浇过水或土壤湿度较大，叶片吸水能力较强，将会导致叶片细胞吸收水分的速度高于叶片细胞失水（蒸腾作用失水）的速度，导致叶肉细胞膨胀。叶肉细胞膨胀较轻微时，水肿可以恢复，若膨胀严重，会引起细胞破裂，里层细胞外露并逐渐木栓化，导致细胞死亡、变色（黄色或褐色），伤害难以逆转。从症状看，非常像是由寄生生物引起的病害（侵染性病害），因此，容易误诊而盲目用药。

根吸收水分的速度比叶片细胞蒸发速度快，导致叶片细胞膨胀、破裂是问题的关键。水肿多见于下层叶片上。在许多大棚和温室中，由于空气潮湿，空气流通差，降低了植物的蒸腾速率，容易发生此病。尤其遇到寒流、冻雨等天气条件，天气多为阴天、多云状况，湿度水平高，而蒸腾速率低，非常容易发生水肿病。同时蒸腾作用弱，限制了钙的运输，而钙在植物体内又不能再利用，导致叶肉细胞细胞壁偏薄，这也是致病的原因之一。

〔防治方法〕

1）露地栽培时，选择排水良好、光照充足的地块种植番茄，雨后及时排水，降低空气湿度。

2）保护地栽培，寒冷季节遇到寒流等天气时，应循序渐进地放风，尤其是温室内作物刚浇过水或土壤较湿润时，以降低湿度，促进作物的蒸腾作用。同时，可采用大功率补光灯等措施提升棚室内温度。

3）提前喷施钙肥及钾肥。钙有助于细胞壁的增厚，钾可促进细胞质的循环流动，对减轻病害的为害有一定作用。

📢 **提示** 水肿病为一种生理性病害，主要因地温低、空气相对湿度过大引起，该病的防治重点在于根据天气预报，及时调整温室内温度及湿度。该病发生的症状与侵染性病害极相似，在生产实践中应仔细判断，以免乱用药，同时耽误了最佳治疗时机。

67. 细碎纹裂果 >>>>

【症状】 果面出现多少不一的木栓化龟裂纹（图67-1）。

【病因】 除植株缺硼外，其他原因同放射状裂果。

【防治方法】

1）及时补充硼肥。
2）其他方法参见"43. 放射状裂果"。

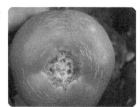

图67-1 细碎纹裂果发病较轻症状

📢 **提示** 日常管理中注意浇小水，不要间隔很长时间待土壤较干时再浇大水。

68. 亚硝酸气体为害 >>>>

〔症状〕 叶片发病，先从叶尖附近褪绿黄化，后发展为白色至褐色（图68-1、图68-2）。幼嫩花序受害，严重时干枯死亡。

图 68-1 亚硝酸气体为害
初期症状

图 68-2 亚硝酸气体为害
典型症状

〔病因〕 植株吸收的硝酸态氮部分是由亚硝酸态的氮转化来的，转化过程需要硝化细菌，若土壤酸化严重，pH过低，会抑制硝化细菌的活性，导致土壤中亚硝酸态的氮不能正常转化为硝酸态的氮，从而造成亚硝酸气体在土壤中大量形成，并逸出地表为害植株。

〔防治方法〕

1）多施腐熟有机肥及生物肥，控制化肥使用量，逐年改善土壤品质，减轻酸化状态。

2）出现亚硝酸气体为害症状后，可将适量石灰施入田间并立即浇水，将其渗入土中，可起到中和作用，提高硝化细菌的活性。

提示 发现症状后及时通风、浇水，有利于稀释亚硝酸气体的浓度。

69. 烟剂熏棚为害 >>>>

〔症状〕 主要为害叶片。叶片出现白色至褐色不规则干枯斑（图69-1），干枯斑不断扩大延伸（图69-2），严重时引起叶片干枯死亡。

图69-1 烟剂熏棚为害初期症状

图69-2 烟剂熏棚为害后期症状

〔病因〕 使用烟雾剂防治病害时间过长或烟雾剂用量过大造成。

〔防治方法〕

1）烟雾剂的使用按照说明进行，尤其是闭棚熏烟的时间一般不超过8h。

2）及时浇水，并喷洒0.0016%的芸薹素内酯水剂1 000倍液。

 提示　受害重的叶片因难以恢复，最好及时摘除。

70. 盐害 >>>>

〔症状〕 主要在果实上表现症状，果实着色不均匀，出现浅绿色长条状斑纹（图70-1）。

〔病因〕 化肥使用过多，造成土壤酸化，土壤内盐离子含量高，影响植株对水分及养分的正常

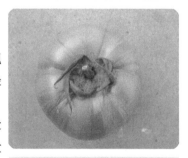
图70-1 盐害发病症状

吸收，进而影响着色。

〔防治方法〕

1）多施有机肥及生物肥，合理使用化肥。

2）灌水排盐。大棚间歇期进行大水漫灌，水面高于地表 5 ~
10cm，浸泡 5 ~ 10 天后排除积水。

3）土壤盐渍化过重时，可采取大棚换土的方法改善土质。

提示　改变"多施肥多结果"的不正确观念，以有机肥为
主，逐步改善土壤品质。

71. 药害 >>>>

〔症状〕　番茄药害症状多种多样，各不相同。有的叶面出现褐
色至黑褐色小点状坏死斑（图71-1），扩大后成为白色枯斑。有的
叶片上形成不规则形黄白色枯斑（图71-2），后期发展成纸状枯斑
（图71-3）。也有的先出现黄绿色点状病斑，发展后受害处坏死。受
害叶背面症状明显（图71-4）。

〔病因〕　杀菌剂、杀虫剂等化学农药用量过大，含量过高，
高温期间用药或使用对番茄敏感的药剂均易引发药害。

图71-1　药害叶面出现
密集褐色小点

图71-2　药害叶片出现不规则
黄白色枯斑

图71-3 药害叶片出现纸状枯斑

图71-4 药害背面症状

〔防治方法〕

1）使用农药前，认真研究用药方法、用药剂量及使用时间，科学用药。

2）发生药害后，及时灌水并喷洒赤霉素或芸薹素内酯等生长调节剂缓解药害。

📢 **提示** 混合使用多种杀菌剂、杀虫剂之前，最好进行小范围试验，确定无害后再使用。

72. 早衰 >>>>

〔症状〕 叶尖或叶缘先褪绿变黄（图72-1），继而病部加深为褐色。植株中下部叶片发病重，后期发病重的叶片干枯死亡（图72-2）。

〔病因〕 连作时间长、土壤板结、酸化，植株难以从土壤中吸收养分；植株根系发育不良；病虫害发生重引起植株生长势弱；结果期施用肥料不足，不能满足结果需要，上述情况都会导致番茄结果中后期因营养不足发生早衰。

〔防治方法〕

1）多施有机肥及生物菌肥，改善土壤品质，结果期及时追肥，保证植株营养供应。

图 72-1 早衰初期症状　　　　　　**图 72-2** 早衰后期症状

2）实行轮作。轮作有利于保持土壤养分及结构稳定性，避免个别元素含量不足。

3）培育壮苗，促进根系发育。苗期管理不善易造成徒长，不利于后期根系发展。

4）及时防治病虫害。番茄病虫害种类较多，要时刻注意，早发现早治疗，使植株生长旺盛。

> 提示　菜农常习惯于喷洒多效唑、矮壮素、助壮素等激素控制幼苗徒长。如用药时间过晚或用量过大，易形成老化苗，进而引起植株早衰。

73. 着色不良 >>>>

〔症状〕果实着色异常，果面变为红黄或红绿相间的颜色（图73-1）。

〔病因〕主要由低温弱光、氮肥施用多、钾肥不足引起的。土壤水分过少也易诱发着色不良。

〔防治方法〕参见"40. 茶色果"。

图 73-1 着色不良的果实

三、虫　　害

74. 棉铃虫 >>>>

棉铃虫属鳞翅目，夜蛾科，全国各地均有发生。其食性杂，番茄、辣椒、茄子、豆类、瓜类、绿叶菜类蔬菜等都可受害。

〔学名〕 *Helicoverpa armigera*（Hubner）。

〔为害特点〕 棉铃虫以幼虫蛀食寄主作物的蕾、花、果及茎秆，啃食嫩茎、叶、芽等成空洞或缺刻，造成严重减产。

〔形态特征〕 成虫体长 13 ~ 22mm，雌蛾为红褐色，雄蛾为褐绿色，翅面近中央处有一褐色边的圆环。卵多为半球形，前期为乳白色，近孵化时加深为深褐色，具有刻纹。幼虫体色不一，有浅绿、浅红、黄绿、浅褐等颜色，背线一般有 2 条或 4 条，虫体各节有毛瘤 12 个（图 74-1），幼虫龄期多为 6 龄。蛹为褐色纺锤形。

图 74-1 棉铃虫幼虫

〔生活习性〕 棉铃虫在不同地区发生代数不同。西北地区一般每年发生 3 代，华北发生 4 代，长江以南代数可达 5 ~ 7 代。以蛹在土中越冬，华北多在 4 月下旬左右开始羽化，1 代、2 代、3 代、4 代幼虫发生期基本在 5 月中下旬、6 月中下旬、8 月上中旬和 9 月中下旬。幼虫发育适宜温度为 25 ~ 28℃，湿度以 75% ~ 90% 较合适。

〔防治方法〕

1）农业防治。销毁作物整枝打杈后的材料，以减少卵量。适度密植，并保障田间通风透光。

2）物理防治。在成虫发生盛期，采用高压汞灯进行诱杀。

3）生物防治。成虫产卵高峰后 3 ~ 4 天，喷洒 Bt 乳剂或核型多角体病毒，使幼虫染病死亡，连续喷 2 次，防治效果最佳。

4）药剂防治。一般当百株卵量达 20 ~ 30 粒时即应开始用药，如百株幼虫超过 5 头，应继续用药。可选用药剂有 25% 的辛·氰乳油 3 000 倍液，或 4.5% 的高效氯氰菊酯 3 000 ~ 3 500 倍液，或 20%

的除虫脲胶悬剂 500 倍液，或 20% 的氯虫苯甲酰胺悬浮剂 3 000 倍液等喷雾。

📢 **提示**　棉铃虫老龄若虫抗药性较强，最好在低龄若虫时期用药。同时注意杀虫机理不同的药剂要轮换使用。

75. 温室白粉虱 >>>>

　　温室白粉虱是主要的温室类害虫，于 20 世纪 70 年代初期在我国初见发生。近几年，由于暖冬等气候因素及保护地面积的不断扩大，农业种植结构的不断调整，利用温室进行培育种苗和生产花卉、蔬菜等面积的不断扩大，白粉虱频繁发生，尤其是对温室中所种植的茄科、葫芦科、豆科等蔬菜为害更严重。

　　〔学名〕　*Trialeurodes vaporariorum*（Westwood）。

　　〔为害特点〕　温室白粉虱寄主广泛，可为害番茄、辣椒、茄子、瓜类、豆类蔬菜等绝大多数蔬菜。喜欢大量成虫及若虫聚集在叶片背面，通过吸食蔬菜叶片的汁液，引起叶片褪绿变黄，严重时使叶片萎蔫干枯。为害的同时分泌蜜露，容易引起煤污病的滋生（图 75-1），影响蔬菜产量及品质。白粉虱还是多种病毒的传毒介体。

　　〔形态特征〕　成虫（图 75-2）体长 1.0～1.6mm，头部浅黄色，其余部位粉白色。翅表及虫体被白色蜡粉包围，又称小白蛾。卵（图 75-3）长椭圆形，约 0.15～0.2mm，初为浅绿色至浅黄色，孵化前变为深褐色。若虫共 4 龄，1 龄若虫到 3 龄若虫浅绿色或黄绿色，体长不断增加，约 0.25～0.53mm，其中 2 龄若虫和 3 龄若虫的足及触角退化。4 龄若虫也叫"拟蛹"（图 75-4），扁平状，随时间增长，逐渐增厚，初期为绿色，后期颜色加深，体表有数根长度不一的蜡丝。

图 75-1 温室白粉虱分泌
蜜露引起煤污病

图 75-2 温室白粉虱
成虫形态

图 75-3 温室白粉虱的
卵及"拟蛹"

图 75-4 温室白粉虱
"拟蛹"及成虫

〔生活习性〕 每年发生代数因地区而异,南方温度较高可常年发生,北方地区温室内一年可发生 10 余代,温室内则可终年为害,室外因温度低难以越冬。成虫羽化后数天即可产卵,每个雌虫可产 100～200 粒卵,卵多产于叶片背面,卵柄从气孔插入叶片内,不易脱落。因白粉虱喜食叶的幼嫩部分,故其在植株垂直方向的虫龄(从卵到成虫)从上到下以此增大,卵孵化后的 1 龄若虫可在叶背短距离行动,2 龄若虫以后因为足的退化,无法行动,只能固定取食。

〔防治方法〕

1) 农业防治。①清洁田园。育苗、定植前清除病残体和杂草,保持温室清洁，通风口安装防虫网。②科学种植。避免黄瓜、番茄、菜豆等蔬菜混栽，可种植白粉虱不喜食的十字花科蔬菜。③黄板诱蚜。选用20cm 宽、40cm 长的黄色纤维板，涂上机油，挂在温室中，每隔 1.5m 放置 1 片黄板，高度在作物顶部 20cm 以上，10～15 天更换 1 次。

2）生物防治。利用天敌丽蚜小蜂或草蛉防治。丽蚜小蜂释放比例约为 2∶1～3∶1，每隔 15 天释放 1 次。

3）化学防治。因世代重叠，在同一时间同一植株上白粉虱的各虫态均存在，而当前缺乏对所有虫态皆理想的药剂，所以采用化学防治，必须连续几次用药。可选用的药剂如下：25% 的噻嗪酮可湿性粉剂 2 000 倍液，或 3% 的啶虫脒乳油 1 200 倍液，或 70% 的吡虫啉水分散粒剂 1 500 倍液，或 25% 的噻虫嗪水分散粒剂 3 000 倍液，或 2.5% 的联苯菊酯乳油 5 000 倍液。喷药时注重叶背喷洒。

📢 **提示**　白粉虱体表蜡粉较多，多数药剂渗透效果较差，可在药剂中加入有机硅助剂，增加药剂渗透性，提高药剂防治效果。同时，白粉虱繁殖速度快，世代重叠严重，应注意杀菌机理不同的药剂交替使用，延缓其抗药性的产生。

76. 野蛞蝓 >>>>

野蛞蝓属软体动物门，腹足纲，柄眼目，蛞蝓科，也叫鼻涕虫、粘粘虫，在我国蔬菜种植区均有分布。近年来，随着北方地区日光温室、塑料大棚等保护地栽培的推广和普及，野蛞蝓的发生率及为害也日趋严重，已成为温室蔬菜生产中的重要害虫之一。作者于 2008～2012 年在寿光温室调查时多次见到该虫的为害，部分地区病棚率超过 90%，已成为温室蔬菜生产中亟待解决的问题之一。野蛞蝓寄主广泛，可为害番茄、黄瓜、辣椒、豇豆、白菜、芹菜等绝大多数蔬菜。蔬菜受害后，叶片、果实、茎秆等被食成缺刻、空洞，严重影响蔬菜的质量与产量，同时造成的伤口利于细菌侵染，进一步加大危害。

〔学名〕 *Agriolimax agrestis*（Linnaeus）。

〔为害特点〕 野蛞蝓食性杂，可为害大多数蔬菜，以番茄、辣椒、茄子、豇豆、菜豆等种类为主。植株的叶片、茎秆、果实均可受害，尤其喜食幼嫩部分，被害处被吃成缺刻或孔洞，取食果皮后常使果实出现带状伤痕，同甜菜夜蛾的为害症状相似（图 76-1 ~ 图 76-3），严重时嫩茎、嫩枝被咬断，导致植株死亡，造成缺苗断垄。同时造成的伤口容易引起细菌侵染，进一步加大危害。野蛞蝓为害时排泄的粪便及黏液也会造成蔬菜品质下降（图 76-4）。它爬行过的地方像蜗牛一样留下白色的黏液痕迹。

图 76-1 野蛞蝓为害豇豆
叶片症状

图 76-2 野蛞蝓为害茄子
留下病疤

图 76-3 野蛞蝓为害莴苣

图 76-4 野蛞蝓为害番茄
留下黑色粪便

〔形态特征〕　野蛞蝓成虫长 25～50mm、宽 3～6mm，呈长梭形，体表柔软光滑，多为灰色至深褐色（图 76-4），也有的为黄白色或灰红色，体表有略凸起的条纹，呈同心圆形。头部前方有触角 2 对，深黑色，上面一对较长，下面一对稍短，眼睛在上边触角的顶端，口位于头部前方，内有角质的齿舌，分泌的黏液无色。卵为圆形或椭圆形，白色透明，后期变为灰黄色。幼虫体色较浅，多为灰褐色或浅褐色，体长 2.0～2.5mm、宽 1.0～1.2mm，形态与成虫相似。

〔生活习性〕　在寿光蔬菜温室中野蛞蝓 1 年完成 2～3 代，世代重叠，露地一般仅 1 代。以成体或幼体在蔬菜根部湿土下、土缝处、石头缝处、石板下、河岸边越冬。第二年气温回升后出来为害，白天多在土壤中、落叶上、薄膜下或石头缝等隐蔽处，昼伏夜出，一般在早晚或夜间活动取食，早上天亮时相继回到隐蔽处，若遇阴雨天，则可整日取食为害。喜欢阴暗湿润的环境，湿度越大，越有利于其活动及为害。野蛞蝓怕光、怕热，强光、干燥条件下，2～3h 即可导致其大量死亡。野蛞蝓雌雄同体，异体受精。对饥饿忍受力较强，在食物缺乏或干旱等不良条件下能长时间潜伏在阴暗土缝或草丛中不吃不动。成虫交配 2 天后即开始产卵，一般产于潮湿的土壤缝或隐蔽的石板下，每头成虫可产卵 300 多粒，产卵期 15 天左右，卵可单粒、成串或聚集成团，土壤过干和光照过强会引起卵大量死亡。

〔防治方法〕

1）农业防治。提倡地膜覆盖栽培，可阻止野蛞蝓爬出地面，减轻为害；及时清除菜园中的垃圾及杂草，秋、冬季深翻土地，将其成体、幼体、卵充分暴露于地面，使其被晒死、冻死或被天敌取食，减少越冬基数；在菜园垄间或角落撒上生石灰，可较好地阻止野蛞蝓为害；有机肥应充分腐熟，同时可采取增加热源或光源的方式，创造不利于蛞蝓活动的条件。

2）物理防治。野蛞蝓喜湿怕光，一般在夜晚活动，晚上 22 时左右达到活动高峰，因此，可在此时借助电灯照明，采用人工捕捉的方式灭杀害虫；野蛞蝓对香甜及腥味等有趋向性，也可利用嫩菠菜叶、白菜叶等有气味的食物进行诱杀，一般傍晚将盛有青菜叶的塑料盘放置于垄间，第二天早上将塑料盘拿出棚外杀死害虫。

3）生物防治。温室内野蛞蝓为害严重或连阴天时，可放鸭等家禽、蛙类或捕食性甲虫猎食野蛞蝓，防治效果较好。

4）化学防治。可撒施6%的四聚乙醛颗粒剂或6%的聚醛·甲萘威颗粒剂，每亩用量800～1 000g，10～15天后再施1次。清晨野蛞蝓尚在地表时，喷洒硫酸铜800～1 000倍液或1%的食盐水，杀灭效果可达80%以上。

附录　常见计量单位名称与符号对照表

量 的 名 称	单 位 名 称	单 位 符 号
长度	千米	km
	米	m
	厘米	cm
	毫米	mm
面积	公顷	ha
	平方千米（平方公里）	km^2
	平方米	m^2
体积	立方米	m^3
	升	L
	毫升	mL
质量	吨	t
	千克（公斤）	kg
	克	g
	毫克	mg
物质的量	摩尔	mol
时间	小时	h
	分	min
	秒	s
温度	摄氏度	℃
平面角	度	(°)
能量，热量	兆焦	MJ
	千焦	kJ
	焦［耳］	J
功率	瓦［特］	W
	千瓦［特］	kW
电压	伏［特］	V
压力，压强	帕［斯卡］	Pa
电流	安［培］	A

参 考 文 献

［1］方中达. 植病研究方法［M］. 3 版. 北京：中国农业出版社, 1998.

［2］陆家云. 植物病害诊断［M］. 2 版. 北京：中国农业出版社, 1997.

［3］吕佩珂, 苏慧兰, 高振江, 等. 中国现代蔬菜病虫原色图鉴（全彩大全版）［M］. 呼和浩特：远方出版社, 2008.

［4］全国农业技术推广服务中心. 潜在的植物检疫性有害生物图鉴［M］. 北京：中国农业出版社, 2005.

［5］任欣正. 植物病原细菌的分类和鉴定［M］. 北京：中国农业出版社, 2000.

［6］魏景超. 真菌鉴定手册［M］. 上海：上海科学技术出版社, 1979.

［7］谢联辉. 普通植物病理学［M］. 北京：科学出版社, 2006.

［8］邢来君, 李明春. 普通真菌学［M］. 北京：高等教育出版社, 1999.

［9］余永年. 中国真菌志（第六卷）霜霉目［M］. 北京：科学出版社, 1998.

［10］郑建秋. 现代蔬菜病虫鉴别与防治手册（全彩版）［M］. 北京：中国农业出版社, 2004.

［11］中华人民共和国农业部农药检定所. 2011 农药管理信息汇编［M］. 北京：中国农业出版社, 2011.

书 目

ISBN：978-7-111-57310-4
定价：29.80 元

ISBN：978-7-111-47467-8
定价：25.00 元

ISBN：978-7-111-52313-0
定价：25.00 元

ISBN：978-7-111-56074-6
定价：29.80 元

ISBN：978-7-111-56065-4
定价：25.00 元

ISBN：978-7-111-46165-4
定价：25.00 元

ISBN：978-7-111-49264-1
定价：35.00 元

ISBN：978-7-111-52723-7
定价：39.80 元

ISBN：978-7-111-47926-0
定价：25.00 元

ISBN：978-7-111-49513-0
定价：25.00 元